测量不确定度的统计模拟

崔伟群　著

中国质检出版社
中国标准出版社

北　京

图书在版编目(CIP)数据

测量不确定度的统计模拟/崔伟群著. —北京:中国质检出版社, 2019.5
ISBN 978 - 7 - 5026 - 4448 - 2

Ⅰ.①测…　Ⅱ.①崔…　Ⅲ.①测量—不确定度—研究　Ⅳ.①TB9

中国版本图书馆 CIP 数据核字(2017)第 161627 号

中国质检出版社
中国标准出版社 出版发行
北京市朝阳区和平里西街甲 2 号(100029)
北京市西城区三里河北街 16 号(100045)
网址:www. spc. net. cn
总编室:(010)68533533　发行中心:(010)51780238
读者服务部:(010)68523946
中国标准出版社秦皇岛印刷厂印刷
各地新华书店经销
*
开本 880 × 1230　1/32　印张 4　字数 106 千字
2019 年 5 月第一版　　2019 年 5 月第一次印刷
*
定价: 20.00 元

前　言

测量是通过实验获得并可合理赋予某量一个或多个量值的过程。通常情况下,测量是一个计量反演问题,是基于已知测量知识的基础上,依据可测输入量的测得值确定被测量可能量值的过程;或者说,根据观测信息和测量模型,求解或推算被测量可能量值的过程。

而与计量反演相对应,计量正演是在被测量量值已知的情况下,研究在给定测量条件下进行测量,获得的可能测得值与被测量量值之间的关系。然而,即使针对单一输入量的测量,获得测得值与被测量的精确关系依旧非常艰难,因此退而求其次,依据概率理论和统计模拟手段确定测得值与被测量的统计关系,成为计量正演的首选。

在给定测量条件 C 下,一般认为测得值 $y_1, y_2 \cdots, y_n$ 是条件随机变量 $Y|C$ 的一个样本,因此发展了误差理论;随着研究的深入,发现测得值 $y_1, y_2 \cdots, y_n$ 也可以认为是在给定测量条件 $\Omega(C \subset \Omega)$ 下条件随机变量 $Y|\Omega$ 的一个样本,进而发展了不确定度理论,用于评价测得值与测得值均值的合理性。

通过本书的正演分析可知:

(1)测量获得的单次测得值的合成标准测量不确定度 $u_c(y)$,表征了单次测得值与真值或真值期望的差在区间$(-k \cdot u_c(y), k \cdot u_c(y))$的概率大于 $1-\frac{1}{k^2}$;也表征了被测量真值或真值期望在区间$(y_i - k \cdot u_c(y), y_i + k \cdot u_c(y))$的概率大于 $1-\frac{1}{k^2}$(其中 y_i 为单次测得值,k 为常数);

(2)测得值均值的合成标准测量不确定度 $u_c(\bar{y})$,表征了均值与真值或真值期望的差在区间 $(-t_{\alpha/2}(n-1)\cdot u_c(\bar{y}),t_{\alpha/2}(n-1)\cdot u_c(\bar{y}))$ 的概率等于 $1-\alpha$;也表征了被测量真值或真值期望在区间 $(\bar{y}-t_{\alpha/2}(n-1)\cdot u_c(\bar{y}),\bar{y}+t_{\alpha/2}(n-1)\cdot u_c(\bar{y}))$ 的概率等于 $1-\alpha$(其中 $\bar{y}$ 为测得值均值)。

基于本书正演所确定的测得值与被测量的概率关系,书中随后给出了利用蒙特卡洛方法对测量不确定度进行评定的算法,并给出了利用控制变量减小测量不确定度模拟方差的算法,以及依据概率分布函数生成随机变量的几类重要方法。

本书致力于为计量人员评定测量不确定度提供尽可能多的感性认识,因此使用了统计模拟手段进行测量不确定度的正演模拟和反演,为能够合理赋予某量一个或多个量值奠定理论与实践基础。

本书由原国家质量监督检验检疫局总局电学量子重点实验室开放课题支持。

于中国计量科学研究院

2019 年 3 月 20 日

目　录

第1章　概率基础

1.1　样本空间与事件

在检定、校准等计量工作中，计量人员往往无法提前准确预知测得值。但在测量仪器确定的前提下，有的仪器输出的可能示值范围是已知的，因此当仪器进行检定、校准时，相应仪器的所有可能示值就可以称为检定、校准等测量工作测得值的样本空间，以集合 S 表示。

例如，使用分度值10g的ACS－30电子计价秤称量物品时，已知电子计价秤示值为－30.000kg～30.000kg，且末尾取0或5，则 S＝{－30.000kg，－29.005kg，－29.000kg，…，－0.005kg，0.000kg，0.005kg，…，29.000kg，29.005kg，30.000kg}称为电子计价秤示值的样本空间，一组输出（0.995kg，1.000kg，1.005kg）代表使用该电子计价秤称量给定砝码所获得的可能的不同值。

样本空间的任一子集 A 称为事件。如果一次测量的测得值包含在事件 A 中，就可以说事件 A 发生了。

例如，定义

A＝{使用分度值10g的ACS－30电子计价秤称量小于示值1.000kg的物品}

如果示值为0.895kg，则表明上述事件 A 发生了。

对于任意两个事件 A 和 B，定义 $A \cup B$ 为联合事件，该联合事件既包含 A 中的任一测得值，也包含 B 中的任一测得值。例如，两个测量人员分别使用两个10g的ACS－30电子计价秤前后测量同一1.000kg的砝码，分别获得事件

$$A = \{0.995\text{kg}, 1.000\text{kg}, 1.005\text{kg}\}$$
$$B = \{0.990\text{kg}, 0.995\text{kg}, 1.000\text{kg}\}$$

则

$$A \cup B = \{0.990\text{kg}, 0.995\text{kg}, 1.000\text{kg}, 1.005\text{kg}\}$$

类似地,定义 AB 为事件 A 和事件 B 的交事件,该集合中的测得值既在 A 中出现也在 B 中出现,上例中的 $AB = \{0.995\text{kg}, 1.000\text{kg}\}$ 。更进一步,可以定义多于两个事件的测得值事件 $A_1, A_2, \cdots, A_n$ 的联合事件 $\cup_{i=1}^{n} A_i$ 和交事件 $\cap_{i=1}^{n} A_i$。

对于任意事件 A,定义 A^C 为样本空间 S 中不包含事件 A 中元素所形成的集合,称为事件 A 的补事件。因此只有当 A 不发生时,A^C 才发生。特别地,由于 S^C 不含有 S 中的任何元素,所以称为空集,表示为$\varnothing$。如果 $AB = \varnothing$,则称事件 A 和事件 B 互斥。

1.2 概率公理

如果存在一个实数 $P(A)$,用于表征样本空间为 S 的检定、校准等测量活动的事件 A,并服从

公理 1:$0 \leqslant P(A) \leqslant 1$

公理 2:$P(S) = 1$

公理 3:对于任一 $A_1, A_2, \cdots, A_n$ 两两互斥的序列,有

$$P(\cup_{i=1}^{n} A_i) = \sum_{i=1}^{n} P(A_i), \quad n = 1, 2, \cdots, \infty$$

则称 $P(A)$ 为事件 A 发生的概率。

公理 1 规定了在测量活动中,事件 A 发生的概率为$[0,1]$;公理 2 规定了以样本空间为事件的发生概率为 1;公理 3 规定了互斥事件的联合概率等于所有发生的概率和。

从上述三个公理出发,可以推导出一系列的概率结论。例如,由于事件 A 和 A^C 互斥,而且 $A \cup A^C = S$,依据公理 2 和公理 3 有

$$P(S) = P(A \cup A^C) = P(A) + P(A^C) = 1$$

或

$$P(A^C) = 1 - P(A)$$

也就是说,事件 A 不发生的概率等于 1 减去事件 A 发生的概率。

1.3　条件概率和独立性

考虑使用分度值 10g 的 ACS - 30 电子计价秤称量真值为 1.000kg的砝码两次,显然要么测得值为 1.000kg,要么测得值不是 1.000kg。则该测量的样本空间为

$$S = \left\{ \begin{matrix} (1.000\text{kg}, 1.000\text{kg}), \\ (1.000\text{kg}, \text{非 } 1.000\text{kg}), \\ (\text{非 } 1.000\text{kg}, 1.000\text{kg}), \\ (\text{非 } 1.000\text{kg}, \text{非 } 1.000\text{kg}) \end{matrix} \right\}$$

其中(1.000kg,非 1.000kg)表示第一次测得值为 1.000kg,第二次测得值不是 1.000kg。

设测得值事件分别为

$$A_1 = \{(1.000\text{kg}, 1.000\text{kg})\}$$

$$A_2 = \{(1.000\text{kg}, \text{非 } 1.000\text{kg})\}$$

$$A_3 = \{(\text{非 } 1.000\text{kg}, 1.000\text{kg})\}$$

$$A_4 = \{(\text{非 } 1.000\text{kg}, \text{非 } 1.000\text{kg})\}$$

对应的概率为 $P(A_1)$、$P(A_2)$、$P(A_3)$、$P(A_4)$。

假设已知第一次测量获得的测得值为 1.000kg,则问第二次测量获得的测得值为 1.000kg 的概率是多少?显然答案为$\dfrac{P(A_1)}{P(A_1) + P(A_2)}$。

如果定义两个事件分别为

$$A = \{\text{第二次测量获得的测得值为 } 1.000\text{kg}\}$$

$$B = \{\text{第一次测量获得的测得值为 } 1.000\text{kg}\}$$

则事件 B 发生的条件下,事件 A 发生的概率被称为条件概率,记为 $P(A|B)$。显然条件概率描述了不同事件顺序发生时的结果概率,由

于在事件 B 发生的条件下,从样本空间的角度看,事件 A 发生标志着事件 AB 的发生。因此,条件概率就等于全样本空间下事件 AB 发生的概率与事件 B 发生的概率比,即

$$P(A|B)=\frac{P(AB)}{P(B)}$$

对于事件 A 而言,显然有

$$A=AS=A(B\cup B^C)=AB\cup AB^C$$

由于 AB 和 AB^C 互斥,所以事件 A 发生的概率为

$$P(A)=P(AB)+P(AB^C)=P(A|B)P(B)+P(A|B^C)P(B^C)$$

【例 1.1】一计量人员经过统计发现,其 1.000kg 的标准砝码,用满足制造工艺要求的电子计价秤进行一次称量时,示值为 1.000kg 的概率为 90%,而用不满足制造工艺要求的电子计价秤进行一次称量时,示值为 1.000kg 的概率为 5%。如果已知某一电子计价秤满足制造工艺的概率为 60%,求用该电子计价秤称量一次 1.000kg 标准砝码示值为 1.000kg 的概率。

解:设 C 为该电子计价秤称量 1.000kg 标准砝码示值为 1.000kg 的概率,B 为电子计价秤满足制造工艺的概率,则

$$\begin{aligned}P(C)&=P(C|B)P(B)+P(C|B^C)P(B^C)\\&=90\%\times60\%+5\%\times(1-60\%)\\&=74\%\end{aligned}$$

类似地,对于测得值事件 A 而言,存在一系列互斥的测得值事件 $B_1,B_2,\cdots,B_n$,且 $S=\cup_{i=1}^{n}B_i$,则有

$$A=AS=A(\cup_{i=1}^{n}B_i)=\cup_{i=1}^{n}AB_i$$

对应测得值事件 A 的概率为

$$P(A)=\sum_{i=1}^{n}P(AB_i)=\sum_{i=1}^{n}P(A|B_i)P(B_i)\qquad(1-1)$$

式(1-1)称为全概率公式。

【例 1.2】已知使用分度值 10g 的 ACS-30 电子计价秤,称量 1.000kg标准砝码有 k 类不同测得值,其中第 j 类测得值出现的概率

为 p_j,且有 $\sum_{j=1}^{k} p_j = 1$,则求第 n 次测量时获得前 $n-1$ 次未曾出现的第 j 类测得值的概率。

解:设 N 是测量时首次出现的新测得值,T_j 是一次测量时出现第 j 类测得值,则有

$$P(N) = \sum_{j=1}^{k} P(N \mid T_j)P(T_j) = \sum_{j=1}^{k} (1-p_j)^{n-1} p_j$$

当 $P(A|B)=P(A)$ 时,根据条件概率公式 $P(A|B)=\dfrac{P(AB)}{P(B)}$,也即

$$P(AB)=P(A)P(B)$$

称事件 A 和事件 B 相互独立。

【例 1.3】已知一 ACS－30 电子计价秤测量质量恒为 1.000kg 标准砝码的系统误差恒为 β_0,随机误差有 N 个不同取值 $\varepsilon_1,\varepsilon_2,\cdots,\varepsilon_N$,已知取第 i 个值 ε_i 的概率为 p_j,求使用该电子计价秤测量质量恒为 1.000kg标准砝码的一次测得值等于 1.000kg 的概率。

解:根据误差公式 $v=1.000+\beta_0+\varepsilon$,显然只有当 $\varepsilon=-\beta_0$ 时,测得值为 1.000kg,设 A 为测得值为 1.000kg 的事件,事件 A 满足 $\varepsilon_i=-\beta_0$,所以有

$$P(A)=p_i$$

【例 1.4】已知有 M 台 ACS－30 电子计价秤,使用第 m 台电子计价秤测量质量恒为 1.000kg 标准砝码的系统误差恒为 β_m,且从 M 台电子计价秤选用第 m 台电子计价秤的概率为 q_m;随机误差有 n 个取值 $\varepsilon_1,\varepsilon_2,\cdots,\varepsilon_n$,已知使用第 m 台电子计价秤测量时随机误差取第 i 个值 ε_i 的概率为 p_{i_m},求使用该系列电子计价秤测量质量恒为 1.000kg标准砝码的一次测得值等于 1.000kg 的概率。

解:根据误差公式 $v=1.000+\beta_m+\varepsilon$,显然只有当 $\varepsilon=-\beta_m$ 时,测得值为 1.000kg,设 B_m 为选用了第 m 台电子计价秤,事件 A 为测得示值是 1.000kg,则在 $\varepsilon_i=-\beta_m$ 的前提下,有

$$P(A)=\sum_{m=1}^{M}P(AB_m)=\sum_{m=1}^{M}P(A\mid B_m)P(B_m)=\sum_{m=1}^{M}p_{i_m}q_m$$

【例1.5】已知有一台 ACS－30 电子计价秤，该台电子计价秤测量质量恒为 1.000kg 标准砝码的系统误差可能是样本空间$\{\beta_0,\beta_1,\cdots,\beta_{M-1},\beta_M\}$中的任一值，且该电子计价秤测量质量恒为 1.000kg 标准砝码的系统误差为β_m的概率为q_m；随机误差有n个取值$\varepsilon_1,\varepsilon_2,\cdots,\varepsilon_n$，已知当系统误差取$\beta_m$时随机误差取第$i$个值$\varepsilon_i$的概率为$p_{i_m}$，求使用该电子计价秤测量质量恒为 1.000kg 标准砝码的一次测得值等于 1.000kg 的概率。

解：根据误差公式$v=1.000+\beta_m+\varepsilon$，显然只有当$\varepsilon=-\beta_m$时，测得值为 1.000kg，设$B_m$为该电子计价秤测量 1.000kg 标准砝码的系统误差为β_m，事件A为测得示值是 1.000kg，则在$\varepsilon_i=-\beta_m$的前提下，有

$$P(A)=\sum_{m=1}^{M}P(AB_m)=\sum_{m=1}^{M}P(A\mid B_m)P(B_m)=\sum_{m=1}^{M}p_{i_m}q_m$$

1.4 随机变量

在检定、校准等测量中，计量人员比较关心测量结果及影响测量结果的各种数字量，这些量一般可以被称为随机变量。

随机变量X的累积概率分布函数（简称分布函数）F定义为，对任意实数x，有

$$F(X)=P\{X\leqslant x\}$$

若X代表测量过程中的真值，则上式含义为被测量真值小于等于x的概率；若X代表测量过程中的各种测得值，则上式含义为该测得值小于等于x的概率。

如果随机变量X的取值是离散的，则称为离散型随机变量，其对应的分布律为

$$p(x)=P\{X=x\}$$

对于可能值为$x_1,x_2,\cdots$的离散型随机变量，有

$$\sum_i p(x_i) = 1$$

如果随机变量 X 的取值是连续的,则称为连续型随机变量。如果存在一个在实数域定义的非负函数 $f(x)$，且 X 在任一实数区间集合 C 内有如下性质

$$P\{X \in C\} = \int_C f(x)\mathrm{d}x \tag{1-2}$$

则函数 $f(x)$ 称为随机变量 X 的概率密度函数。

连续型随机变量的累计分布函数与其概率密度函数有如下关系

$$F(a) = P\{X \in (-\infty, a]\} = \int_{-\infty}^{a} f(x)\mathrm{d}x$$

其含义为随机变量 X 在 $(-\infty, a]$ 内取遍所有可能值的概率。如果随机变量 X 代表真值,则上式含义为真值在 $(-\infty, a]$ 内取遍所有可能值的概率,换言之,上式也可解释为将 $(-\infty, a]$ 内所有可能值都当作真值的概率。

在计量工作中,计量人员不但关心单个随机变量的分布函数,而且也关心多个随机变量的分布函数,如两个随机变量的联合累计概率分布函数为

$$F(x,y) = P\{X \leqslant x, Y \leqslant y\}$$

如果 X 和 Y 都是离散型随机变量,则联合分布律为

$$p(x,y) = P\{X = x, Y = y\}$$

如果 X 和 Y 是连续型随机变量,则联合概率密度函数为

$$P\{X \in C, Y \in D\} = \iint\limits_{\substack{x \in C \\ y \in D}} f(x,y)\mathrm{d}x\mathrm{d}y$$

如果满足

$$P\{X \in C, Y \in D\} = P\{X \in C\} P\{Y \in D\}$$

则称随机变量 X 和 Y 是相互独立的,否则称为相关。

对于离散型随机变量而言，如果对于所有的 x, y 均满足

$$P(X = x, Y = y) = P\{X = x\} P\{Y = y\}$$

则称离散型随机变量 X 和 Y 是相互独立。

对于连续型随机变量而言，如果对于所有的 x,y 概率密度函数均满足

$$f(x,y)=f_X(x)f_Y(y)$$

则称连续型随机变量 X 和 Y 是相互独立，其中 $f_X(x)$、$f_Y(y)$ 分别为连续型随机变量 X 和 Y 的概率密度函数。

1.5 期望

对于可能值为 $x_1,x_2,\cdots$ 的离散型随机变量 X，其期望定义为

$$E[X]=\sum_i x_i P\{X=x_i\} \tag{1-3}$$

【例 1.6】已知用一 10g 的 ACS－30 电子计价秤测量 1.000kg 标准砝码，测得值为 0.995kg，1.000kg，1.005kg 三类，对应概率分别为 5%，80%，15%，求测得值对应随机变量 X 的期望。

解：

$$E[X]=0.995\times5\%+1.000\times80\%+1.005\times15\%=1.0005\text{kg}$$

对于连续型随机变量，其期望定义为

$$E[X]=\int_{-\infty}^{\infty}f(x)\,\mathrm{d}x$$

【例 1.7】已知用一 10 分度的游标卡尺测量 1.0mm 钢珠直径，测得值为 0.9mm～1.1mm，已知测得值对应的随机变量在此取值范围内的概率密度函数为 $f(x)=5.1$，求测得值对应随机变量 X 的期望。

解：

$$E[X]=\int_{0.9}^{1.1}5.1\,\mathrm{d}x=1.02\text{mm}$$

定理：若 X 为一离散型随机变量，分布律为 $p(x)$，则由给定函数 $g(X)$ 生成的随机变量的期望为

$$E[g(X)]=\sum_x g(x)p(x)$$

若 X 为一连续型随机变量，概率密度函数为 $f(x)$，则由给定函

数 $g(X)$ 生成的随机变量的期望为

$$E[g(X)] = \int_{-\infty}^{\infty} g(x)f(x)\,\mathrm{d}x$$

推论：如果 a 和 b 为常数，则有

$$E[aX+b] = aE[X]+b$$

设测得值对应的随机变量为 Y，被测量真值对应的随机变量为 X_T，系统误差对应的随机变量为 X_S，随机误差对应的随机变量为 X_r，依据测量误差公式，则有

$$Y = X_T + X_S + X_r$$

测得值期望为

$$E[Y] = E[X_T] + E[X_S] + E[X_r]$$

真值期望为

$$E[X_T] = E[Y] - E[X_S] - E[X_r]$$

更一般地，有

$$E\left[\sum_{i=1}^{n} X_i\right] = \sum_{i=1}^{n} E[X_i]$$

1.6　方差

随机变量的期望是其可能取值的加权平均值，在很多时候，人们有时希望研究随机变量取值的变化情况，常用的方法是考察可能取值与期望差平方的平均值。

定义：如果 X 为一随机变量，期望为 μ，则 X 的方差 $\mathrm{Var}(X)$ 定义为

$$\mathrm{Var}(X) = E[(X-\mu)^2]$$

显然有

$$\mathrm{Var}(X) = E[X^2] - \mu^2$$

或

$$\mathrm{Var}(X) = E[X^2] - (E[X])^2$$

$$\mathrm{Var}(aX+b) = a^2\mathrm{Var}(X)$$

特别地,对于两个随机变量的和的方差有

$$\mathrm{Var}(X+Y)=\mathrm{Var}(X)+\mathrm{Var}(Y)+2E[(X-E[X])(Y-E[Y])]$$

定义:两个随机变量 X 和 Y 的协方差为

$$\mathrm{Cov}(X,Y)=E[(X-E[X])(Y-E[Y])] \tag{1-4}$$

式(1-4)展开为

$$\mathrm{Cov}(X,Y)=E[XY]-E[X]E[Y] \tag{1-5}$$

依据协方差定义,$\mathrm{Var}(X+Y)$可简写为

$$\mathrm{Var}(X+Y)=\mathrm{Var}(X)+\mathrm{Var}(Y)+2\mathrm{Cov}(X,Y) \tag{1-6}$$

特别地,当两个随机变量 X 和 Y 相互独立时,有

$$\mathrm{Cov}(X,Y)=0$$

定义:两个随机变量 X 和 Y 的互相关系数为

$$\mathrm{Corr}(X,Y)=\frac{\mathrm{Cov}(X,Y)}{\sqrt{\mathrm{Var}(X)\mathrm{Var}(Y)}} \tag{1-7}$$

对于依据误差公式获得的测得值对应的随机变量 $Y=X_T+X_S+X_r$,由于各随机变量相互独立,所以其方差为

$$\begin{aligned}\mathrm{Var}(Y)&=\mathrm{Var}(X_T+X_S+X_r)\\&=\mathrm{Var}(X_T)+\mathrm{Var}(X_S)+\mathrm{Var}(X_r)\end{aligned}$$

这一结论说明,测得值对应随机变量的方差等于测量过程中被测量真值、系统误差和随机误差对应的随机变量的方差和。

1.7 Chebyshev 不等式和弱大数定律

MarKov 不等式:若随机变量 X 的取值为非负数,则对于实数 $a>0$ 有

$$P\{X\geqslant a\}\leqslant\frac{E(X)}{a}$$

证明:定义随机变量 Y 为

$$Y=\begin{cases}a, & X\geqslant 0\\0, & X<0\end{cases}$$

由于 $X \geqslant 0$，所以当

$$X \geqslant Y$$

时，不等式两边取期望有

$$E[X] \geqslant E[Y] = aP\{X \geqslant a\}$$

所以定理成立。

Chebyshev 不等式：若随机变量 X 具有期望为 μ，方差 σ^2，则对于实数 $k>0$ 有

$$P\{|X-\mu| \geqslant k\sigma\} \leqslant \frac{1}{k^2}$$

证明：显然 $(X-\mu)^2/\sigma^2$ 为一非负随机变量，且具有期望

$$E\left[\frac{(X-\mu)^2}{\sigma^2}\right] = \frac{E[(X-\mu)^2]}{\sigma^2} = 1$$

根据 MarKov 不等式有

$$P\left\{\frac{(X-\mu)^2}{\sigma^2} \geqslant k^2\right\} \leqslant \frac{1}{k^2}$$

所以有

$$P\{|X-\mu| \geqslant k\sigma\} \leqslant \frac{1}{k^2}$$

弱大数定律：$X_1, X_2 \cdots$ 为独立同分布的随机变量，具有期望 μ，则对于任意 $\varepsilon>0$

$$P\left\{\left|\frac{X_1+\cdots+X_n}{n}-\mu\right| \geqslant \varepsilon\right\} \to 0 \text{ 当 } n \to \infty$$

假设 X_i 具有有限方差 σ^2 的证明如下。

证明：对于随机变量 $\frac{X_1+\cdots+X_n}{n}$，显然有

$$E\left[\frac{X_1+\cdots+X_n}{n}\right] = \frac{1}{n}(E[X_1]+\cdots+E[X_n]) = \mu$$

$$\mathrm{Var}\left[\frac{X_1+\cdots+X_n}{n}\right] = \frac{1}{n^2}(\mathrm{Var}[X_1]+\cdots+\mathrm{Var}[X_n]) = \frac{\sigma^2}{n}$$

根据 Chebyshev 不等式有

$$P\left\{\left|\frac{X_1+\cdots+X_n}{n}-\mu\right|\geqslant\frac{k\sigma}{\sqrt{n}}\right\}\leqslant\frac{1}{k^2}$$

令 $\varepsilon=\dfrac{k\sigma}{\sqrt{n}}$,则有

$$P\left\{\left|\frac{X_1+\cdots+X_n}{n}-\mu\right|\geqslant\varepsilon\right\}\leqslant\frac{\sigma^2}{n\varepsilon^2}$$

显然,当 $n\to\infty$ 时,有

$$P\left\{\left|\frac{X_1+\cdots+X_n}{n}-\mu\right|\geqslant\varepsilon\right\}\to 0$$

故定律得证。

更一般性的结论是强大数定律,其结论为

$$\lim_{n\to\infty}\frac{X_1+\cdots+X_n}{n}=\mu$$

以 100% 概率成立。

1.8 条件期望和条件方差

定义对于多个联合的离散型随机变量 $X,Y_1,Y_2,\cdots,Y_n$,在 $Y_1=y_1,Y_2=y_2,\cdots,Y_n=y_n$ 的条件下的条件期望为 $E_X[X\mid(Y_1=y_1,Y_2=y_2,\cdots,Y_n=y_n)]$,则有

$$\begin{aligned}&E_X[X\mid(Y_1=y_1,Y_2=y_2,\cdots,Y_n=y_n)]\\&=\sum_x xP\{X=x\mid(Y_1=y_1,Y_2=y_2,\cdots,Y_n=y_n)\}\\&=\frac{\sum_x xP\{X=x,Y_1=y_1,Y_2=y_2,\cdots,Y_n=y_n\}}{P\{Y_1=y_1,Y_2=y_2,\cdots,Y_n=y_n\}}\end{aligned}$$

显然,对两个离散型随机变量 X,Y,在 $Y=y$ 的条件下的条件期望为

$$E_X[X\mid Y=y]=\sum_x xP\{X=x\mid Y=y\}$$

$$= \frac{\sum_x xP\{X = x, Y = y\}}{P\{Y = y\}}$$

同理，对于具有概率密度函数$f(x, y_1, y_2, \cdots, y_n)$的多个联合的连续型随机变量 $X, Y_1, Y_2, \cdots, Y_n$，定义条件期望为

$$E_X[X \mid (Y_1 = y_1, Y_2 = y_2, \cdots, Y_n = y_n)] = \frac{\int xf(x, y_1, y_2, \cdots, y_n)\,\mathrm{d}x}{\int f(x, y_1, y_2, \cdots, y_n)\,\mathrm{d}x}$$

显然，对具有概率密度函数$f(x, y)$的两个连续型随机变量 X, Y，条件期望为

$$E_X[X \mid Y = y] = \frac{\int xf(x, y)\,\mathrm{d}x}{\int f(x, y)\,\mathrm{d}x}$$

根据定义可知，条件期望 $E_X[X \mid (Y_1, Y_2, \cdots, Y_n)]$是一个关于 $Y_1, Y_2, \cdots, Y_n$ 的随机变量。

定理：

$$E_Y[E_X[X \mid Y]] = E[X] \tag{1-8}$$

对于离散型随机变量 X, Y 而言，显然有

$$\begin{aligned}
E_Y[E_X[X \mid Y = y]] &= E_Y\left[\frac{\sum_x xP\{X = x, Y = y\}}{P\{Y = y\}}\right] \\
&= \sum_y \left(\frac{\sum_x xP\{X = x, Y = y\}}{P\{Y = y\}}\right) P\{Y = y\} \\
&= \sum_y \sum_x xP\{X = x, Y = y\} \\
&= \sum_x x \sum_y P\{X = x, Y = y\} \\
&= \sum_x xP\{X = x\} \\
&= E[X]
\end{aligned}$$

依据式(1-8)，对于离散型随机变量有

$$E[X]=E_X[X|Y=y]P\{P=y\}$$

对于连续型随机变量有

$$E[X]=\int E_X[X|Y=y]g(y)\mathrm{d}y$$

由于 $E_X[X|Y]$ 为一关于 Y 的随机变量,所以其方差为

$$\mathrm{Var}_Y(E_X[X|Y])=E_Y[(E_X[X|Y])^2]-(E[X])^2 \tag{1-9}$$

同理,也可以定义随机变量 X 的条件方差为

$$\mathrm{Var}_X(X|Y)=E_X[(X-E_X[X|Y])^2|Y]$$

根据方差公式有

$$\mathrm{Var}_X(X|Y)=E_X[X^2|Y]-(E_X[X|Y])^2$$

显然方差 $\mathrm{Var}_X(X|Y)$ 也是一个与 Y 有关的随机变量,则该随机变量的期望为

$$\begin{aligned}E_Y[\mathrm{Var}_X(X|Y)]&=E_Y[E_X[X^2|Y]]-E_Y[(E_X[X|Y])^2]\\&=E[X^2]-E_Y[(E_X[X|Y])^2]\end{aligned} \tag{1-10}$$

式(1-9)与式(1-10)相加,有

$$\mathrm{Var}_Y(E_X[X|Y])+E_Y[\mathrm{Var}_X(X|Y)]=E[X^2]-(E[X])^2=\mathrm{Var}(X)$$

所以有如下条件方差公式

$$\mathrm{Var}(X)=E_Y[\mathrm{Var}_X(X|Y)]+\mathrm{Var}_Y(E_X[X|Y]) \tag{1-11}$$

第2章　测量不确定度的概率理论

2.1　在实验室环境条件 C_0 下被测量的真值

在给定实验室环境条件 $C_0=c_{0,t}$ 下（其中 $c_{0,t}$ 为 t 时刻实验室的环境条件），被测量的真值可以看作随时间 t 变化的一个条件随机变量 $X|_{C_0}$，并属于下列可能情况之一：

（1）在给定实验室环境条件 C_0 下，被测量真值对应的条件随机变量 $X|_{C_0}$ 的取值

$$X|_{C_0=c_{0,t}}=x_{\text{true}},\ t\in(t_0,t_1)$$

式中，x_{true} 为被测量的真值，是一常数；t 为时刻；t_0 为起始时刻；t_1 为结束时刻。

（2）在给定实验室环境条件 C_0 下，被测量真值对应的条件随机变量 $X|_{C_0}$ 的取值 $X|_{C_0=c_{0,t}}$ 不是常数，但满足

$$E[X|_{C_0}]=x_{\text{true}},\mathrm{Var}(X|_{C_0})=\sigma_{\text{true}}{}^2,\ t\in(t_0,t_1)$$

式中，x_{true}、σ_{true} 为常数；t 为时刻；t_0 为起始时刻；t_1 为结束时刻。

无论属于以上哪种情况，计量人员希望能够获得被测量的真值或真值期望 $E[X|_{C_0}]$ 和方差 $\mathrm{Var}(X|_{C_0})$。

显然，当 $\sigma_{\text{true}}{}^2=0$ 时，情况（2）包含了情况（1）。

2.2　在实验室环境条件 C_0 和测量系统 C_1 下的示值

在给定实验室环境条件 C_0 和测量系统 C_1 下，不考虑其他影响因素时，接入被测对象的测量系统的示值，可以看作条件随机变量 $Y|_{C_0,C_1}$ 的取值 $Y|_{C_0=c_{0,t},C_1=c_{1,t}}$，并属于下列可能情况之一：

（1）在给定实验室环境条件 C_0 下，被测量真值对应的条件随机变量 $X|_{C_0}$ 的取值 $X|_{C_0=c_{0,t}}=x_{\text{true}}, t\in(t_0,t_1)$。在接入测量系统 $C_1=c_{1,t}$ 后，不考虑其他影响因素时，接入被测对象的测量系统示值所对应的条件随机变量 $Y|_{C_0,C_1}$ 的取值 $Y|_{C_0=c_{0,t},C_1=c_{1,t}}$ 为常数，可表示为

$$Y|_{C_0=c_{0,t},C_1=c_{1,t}}=X|_{C_0=c_{0,t}}+X_S|_{C_0=c_{0,t},C_1=c_{1,t}},\ t\in(t_0,t_1) \tag{2-1}$$

式中，$X|_{C_0=c_{0,t}}$ 为在 t 时刻，实验室条件为 $c_{0,t}$ 时，被测量的真值，且 $X|_{C_0=c_{0,t}}=x_{\text{true}}, t\in(t_0,t_1)$，$x_{\text{true}}$ 为一常数；$X_S|_{C_0=c_{0,t},C_1=c_{1,t}}$ 为在 t 时刻，实验室条件为 $c_{0,t}$ 时，测量系统 $c_{1,t}$ 对测得值 $Y|_{C_0=c_{0,t},C_1=c_{1,t}}$ 的影响，且 $X_S|_{C_0=c_{0,t},C_1=c_{1,t}}=\beta, t\in(t_0,t_1)$，$\beta$ 为一常数。

式（2-1）也可简化为

$$Y|_{C_0=c_{0,t},C_1=c_{1,t}}=x_{\text{true}}+\beta$$

（2）在给定实验室环境条件 C_0 下，被测量真值对应的条件随机变量 $X|_{C_0}$ 的取值 $X|_{C_0=c_{0,t}}=x_{\text{true}}, t\in(t_0,t_1)$。在接入测量系统 $C_1=c_{1,t}$ 后，不考虑其他影响因素时，接入被测对象的测量系统示值所对应的条件随机变量 $Y|_{C_0,C_1}$ 的取值 $Y|_{C_0=c_{0,t},C_1=c_{1,t}}$ 不为常数，可表示为

$$Y|_{C_0=c_{0,t},C_1=c_{1,t}}=X|_{C_0=c_{0,t}}+X_S|_{C_0=c_{0,t},C_1=c_{1,t}},\ t\in(t_0,t_1) \tag{2-2}$$

式中，$X|_{C_0=c_{0,t}}$ 为在 t 时刻，实验室条件为 $c_{0,t}$ 时，被测量的真值 $X|_{C_0=c_{0,t}}=x_{\text{true}}, t\in(t_0,t_1)$，$x_{\text{true}}$ 为一常数；$X_S|_{C_0=c_{0,t},C_1=c_{1,t}}$ 为在 t 时刻，实验室条件为 $c_{0,t}$ 时，测量系统 $c_{1,t}$ 对测得值 $Y|_{C_0=c_{0,t},C_1=c_{1,t}}$ 的影响。

式（2-2）也可简化为

$$Y|_{C_0=c_{0,t},C_1=c_{1,t}}=x_{\text{true}}+X_S|_{C_0=c_{0,t},C_1=c_{1,t}}$$

（3）在给定实验室环境条件 C_0 下，被测量真值对应的条件随机变量 $X|_{C_0}$ 的取值 $X|_{C_0=c_{0,t}}$ 不是常数，但满足 $E[X|_{C_0}]=x_{\text{true}}$，$\mathrm{Var}(X|_{C_0})={\sigma_{\text{true}}}^2, t\in(t_0,t_1)$。在接入测量系统 $C_1=c_{1,t}$ 后，不考虑其他影响因素时，接入被测对象的测量系统示值所对应的条件随机变量 $Y|_{C_0,C_1}$ 的

取值 $Y|_{C_0=c_{0,t},C_1=c_{1,t}}$ 不为常数,可表示为

$$Y|_{C_0=c_{0,t},C_1=c_{1,t}}=X|_{C_0=c_{0,t}}+X_S|_{C_0=c_{0,t},C_1=c_{1,t}},\ t\in(t_0,t_1) \quad (2-3)$$

式中,$X|_{C_0=c_{0,t}}$ 为在 t 时刻,实验室条件为 $c_{0,t}$ 时,被测量的真值不唯一,但满足 $E[X|_{C_0}]=x_{\text{true}}$,$\text{Var}(X|_{C_0})=\sigma_{\text{true}}^2$,$t\in(t_0,t_1)$,$x_{\text{true}}$、$\sigma_{\text{true}}^2$ 均为常数;$X_S|_{C_0=c_{0,t},C_1=c_{1,t}}$ 为在 t 时刻,实验室条件为 $c_{0,t}$ 时,测量系统 $c_{1,t}$ 对测得值 $Y|_{C_0=c_{0,t},C_1=c_{1,t}}$ 的影响,且 $X_S|_{C_0=c_{0,t},\ C_1=c_{1,t}}=\beta$,$t\in(t_0,t_1)$,$\beta$ 为一常数。

式(2-3)也可简化为

$$Y|_{C_0=c_{0,t},C_1=c_{1,t}}=X|_{C_0=c_{0,t}}+\beta$$

(4)在给定实验室环境条件 C_0 下,被测量真值对应的条件随机变量 $X|_{C_0}$ 的取值 $X|_{C_0=c_{0,t}}$ 不是常数,但满足 $E[X|_{C_0}]=x_{\text{true}}$,$\text{Var}(X|_{C_0})={\sigma_{\text{true}}}^2$,$t\in(t_0,t_1)$。在接入测量系统 $C_1=c_{1,t}$ 后,接入被测对象的测量系统示值所对应的条件随机变量 $Y|_{C_0,C_1}$ 的取值 $Y|_{C_0=c_{0,t},C_1=c_{1,t}}$ 不为常数,也可表示为

$$Y|_{C_0=c_{0,t},C_1=c_{1,t}}=X|_{C_0=c_{0,t}}+X_S|_{C_0=c_{0,t},C_1=c_{1,t}},\ t\in(t_0,t_1) \quad (2-4)$$

式中,$X|_{C_0=c_{0,t}}$ 为在 t 时刻,实验室条件为 $c_{0,t}$ 时,被测量的真值不唯一,但满足 $E[X|_{C_0}]=x_{\text{true}}$,$\text{Var}(X|_{C_0})=\sigma_{\text{true}}^2$,其中 x_{true}、σ_{true}^2 均为常数;$X_S|_{C_0=c_{0,t},C_1=c_{1,t}}$ 为在 t 时刻,实验室条件为 $c_{0,t}$ 时,测量系统 $c_{1,t}$ 对测得值 $Y|_{C_0=c_{0,t},C_1=c_{1,t}}$ 的影响,且 $X_S|_{C_0,C_1}$ 与 $X_S|_{C_0,C_1}$ 相互独立。

综上所述,在给定实验室环境条件 C_0 和测量系统 C_1 下,不考虑其他影响因素时,接入被测对象的测量系统的示值可以看作一个条件随机变量 $Y|_{C_0,C_1}$,且

$$Y|_{C_0=c_{0,t},C_1=c_{1,t}}=X|_{C_0=c_{0,t}}+X_S|_{C_0=c_{0,t},C_1=c_{1,t}} \quad (2-5)$$

式中,$X|_{C_0=c_{0,t}}$ 为在 t 时刻,实验室条件为 $c_{0,t}$ 时,被测量的真值;$X_S|_{C_0=c_{0,t},C_1=c_{1,t}}$ 为在 t 时刻,实验室条件为 $c_{0,t}$ 时,测量系统 $c_{1,t}$ 对测得值 $Y|_{C_0=c_{0,t},C_1=c_{1,t}}$ 的影响,且 $X_S|_{C_0,C_1}$ 与 $X_S|_{C_0,C_1}$ 相互独立。

2.3 在实验室环境条件 C_0、测量系统 C_1 和其他未知影响条件 C_2 下的示值

实际测量过程中，在给定实验室环境条件 C_0、测量系统 C_1 的条件下，还必然受到其他未知影响条件 C_2 的影响，因此接入被测对象的测量系统的示值，可以看作一个条件随机变量 $Y|_{C_0,C_1,C_2}$ 的取值 $Y|_{C_0=c_{0,t},C_1=c_{1,t},C_2=c_{2,t}}$，并可表示为

$$Y|_{C_0=c_{0,t},C_1=c_{1,t},C_2=c_{2,t}}=X|_{C_0=c_{0,t}}+X_S|_{C_0=c_{0,t},C_1=c_{1,t}}+X_R|_{C_0=c_{0,t},C_1=c_{1,t},C_2=c_{2,t}} \tag{2-6}$$

式中，$X|_{C_0=c_{0,t}}$ 为在 t 时刻，实验室条件为 $c_{0,t}$ 时，被测量的真值；$X_S|_{C_0=c_{0,t},C_1=c_{1,t}}$ 为在 t 时刻，实验室条件为 $c_{0,t}$ 时，测量系统 $c_{1,t}$ 对测得值 $Y|_{C_0=c_{0,t},C_1=c_{1,t},C_2=c_{2,t}}$ 的影响；$X_R|_{C_0=c_{0,t},C_1=c_{1,t},C_2=c_{2,t}}$ 为在 t 时刻，实验室条件为 $c_{0,t}$ 时，测量系统为 $c_{1,t}$ 时，未知影响因素 $c_{2,t}$ 对测得值 $Y|_{C_0=c_{0,t},C_1=c_{1,t},C_2=c_{2,t}}$ 的影响。

假设 1：条件随机变量 $X|_{C_0}$，$X_S|_{C_0,C_1}$，$X_R|_{C_0,C_1,C_2}$ 两两相互独立。

假设 2：未知影响因素 $c_{2,t}$ 对测得值对应的随机变量 $Y|_{C_0=c_{0,t},C_1=c_{1,t},C_2}$ 的影响满足

$$E_{C_2}[X_R|_{C_0=c_{0,t},C_1=c_{1,t},C_2}]=0 \tag{2-7}$$

并有

$$X_S|_{C_0=c_{0,t},C_1=c_{1,t}}=E_{C_2}[Y|_{C_0=c_{0,t},C_1=c_{1,t},C_2}]-X|_{C_0=c_{0,t}} \tag{2-8}$$

$$X_R|_{C_0=c_{0,t},C_1=c_{1,t},C_2=c_{2,t}}=Y|_{C_0=c_{0,t},C_1=c_{1,t},C_2=c_{2,t}}-E_{C_2}[Y|_{C_0=c_{0,t},C_1=c_{1,t},C_2}] \tag{2-9}$$

2.4 测得值及其统计的表达公式

由于测得值反映了测量蕴含的全部影响信息，因此在测量条件 C_0，C_1，C_2 下，所获测得值 y_1，y_2，…可以表示为

$$y_i=Y|_{C_0=c_{0,i},C_1=c_{1,i},C_2=c_{2,i}} \tag{2-10}$$

即在条件 $C_0 = c_{0,i}, C_1 = c_{1,i}, C_2 = c_{2,i}$ 下的条件随机变量 $Y|_{C_0, C_1, C_2}$ 的取值。

因此，n 个测得值 $y_1, y_2, \cdots, y_n$ 的均值 $\bar{y}$ 为

$$\bar{y} = \frac{1}{n}\sum_{i=1}^{n} y_i = \frac{1}{n}\sum_{i=1}^{n} Y|_{C_0 = c_{0,i}, C_1 = c_{1,i}, C_2 = c_{2,i}} \tag{2-11}$$

测得值方差为

$$\begin{aligned} s^2(y) &= \frac{1}{n-1}\sum_{i=1}^{n}(y_i - \bar{y})^2 \\ &= \frac{1}{n-1}\sum_{i=1}^{n}\left(Y|_{C_0 = c_{0,i}, C_1 = c_{1,i}, C_2 = c_{2,i}} - \frac{1}{n}\sum_{i=1}^{n} Y|_{C_0 = c_{0,i}, C_1 = c_{1,i}, C_2 = c_{2,i}}\right)^2 \end{aligned} \tag{2-12}$$

测得值均值方差为

$$\begin{aligned} s^2(\bar{y}) &= \frac{s^2(y)}{n} \\ &= \frac{1}{n(n-1)}\sum_{i=1}^{n}\left(Y|_{C_0 = c_{0,i}, C_1 = c_{1,i}, C_2 = c_{2,i}} - \frac{1}{n}\sum_{i=1}^{n} Y|_{C_0 = c_{0,i}, C_1 = c_{1,i}, C_2 = c_{2,i}}\right)^2 \end{aligned} \tag{2-13}$$

2.5　测得值样本容量与测得值均值的关系

定理 1：独立同分布的中心极限定理：设 $X_1, X_2, \cdots, X_n$ 是独立同分布的随机变量序列，有有限的数学期望和方差，$E(X_i) = \mu, D(X_i) = \sigma^2 \neq 0 (i = 1, 2, \cdots)$，对则任意实数 x，随机变量

$$Y_n = \frac{\sum_{i=1}^{n}(X_i - \mu)}{\sqrt{n}\sigma} = \frac{\sum_{i=1}^{n} X_i - n\mu}{\sqrt{n}\sigma} \tag{2-14}$$

的分布函数 $F_n(x)$ 满足

$$\lim_{n\to\infty} F_n(x) = \lim_{n\to\infty} P\{Y_n \leqslant x\} = \int_{-\infty}^{x} \frac{1}{\sqrt{2\pi}} e^{-\frac{t^2}{2}} dt \tag{2-15}$$

这一定理告诉计量人员，对于满足重复性条件的一组测得值 x_1，

$x_2,\cdots,x_n$，如果测得值 x_i 所对应的随机变量序列 X_i 分布相同，且满足 $\mathrm{E}(X_i)=\mu,D(X_i)=\sigma^2\neq0(i=1,2,\cdots)$，则当 n 充分大时，计算值 $Y_n=\dfrac{\sum\limits_{i=1}^{n}(x_i-\mu)}{\sqrt{n}\sigma}=\dfrac{\sum\limits_{i=1}^{n}x_i-n\mu}{\sqrt{n}\sigma}$ 所对应的随机变量 Y_n，近似服从标准正态分布。

定理2：李雅普诺夫定理：设 $X_1,X_2,\cdots,X_n$ 是不同分布且相互独立的随机变量，它们分别有数学期望和方差，$E(X_i)=\mu_i,D(X_i)=\sigma_i^2\neq0(i=1,2,\cdots)$。记 $B_n^2=\sum\limits_{i=1}^{n}\sigma_i^2$，若存在正数 δ，使得当 $n\to\infty$ 时，有 $\left(\dfrac{1}{B_n^{2+\delta}}\right)\cdot\sum\limits_{i=1}^{n}E\{|X_i-\mu_i|^{2+\delta}\}\to0$，则随机变量

$$Z_n=\frac{\sum\limits_{i=1}^{n}X_i-E\left(\sum\limits_{i=1}^{n}X_i\right)}{\sqrt{D\left(\sum\limits_{i=1}^{n}X_i\right)}}=\frac{\sum\limits_{i=1}^{n}X_i-\sum\limits_{i=1}^{n}\mu_i}{B_n}\qquad(2-16)$$

的分布函数 $F_n(x)$ 对任意实数 x，满足

$$\lim_{n\to\infty}F_n(x)=\lim_{n\to\infty}P\{Z_n\leqslant x\}=\int_{-\infty}^{x}\frac{1}{\sqrt{2\pi}}\mathrm{e}^{-\frac{t^2}{2}}\mathrm{d}t\qquad(2-17)$$

这一定理告诉计量人员，对于不满足重复性条件，但是被测对象相近的一组测得值 $x_1,x_2,\cdots,x_n$，如果测得值 x_i 所对应的随机变量序列 X_i 存在 $E(X_i)=\mu_i,D(X_i)=\sigma_i^2\neq0(i=1,2,\cdots)$，则当 n 充分大时，计算值 $Z_n=\dfrac{\sum\limits_{i=1}^{n}X_i-E\left(\sum\limits_{i=1}^{n}X_i\right)}{\sqrt{D\left(\sum\limits_{i=1}^{n}X_i\right)}}=\dfrac{\sum\limits_{i=1}^{n}X_i-\sum\limits_{i=1}^{n}\mu_i}{B_n}$ 所对应的随机变量 Z_n，近似服从标准正态分布。

比对同一测量对象在不同条件下以及一部分特殊的测量（如定量包装），满足 $E(X_i)=\mu_i,D(X_i)=\sigma_i^2\neq0(i=1,2,\cdots)$ 的条件。

因此，定理1、定理2从理论上指出，当测量次数充分时，测得值

样本均值近似服从 $N\left(\mu,\dfrac{\sigma^2}{n}\right)$ 的正态分布。

定理 3：设 $X_1,X_2,\cdots,X_n$ 是来自总体 $N(\mu,\sigma^2)$ 的样本，$\overline{X}$ 是样本均值，则有 $\overline{X}\sim N(\mu,\sigma^2/n)$。

定理 4：设 $X_1,X_2,\cdots,X_n$ 是来自总体 $N(\mu,\sigma^2)$ 的样本，$\overline{X}$，S^2 分别是样本均值和样本方差，则有 $\dfrac{\overline{X}-\mu}{S/\sqrt{n}}\sim t(n-1)$。

从定理 4 可知，n 次测得值的均值的统计量 $\dfrac{\overline{X}-\mu}{S/\sqrt{n}}$ 服从 $t(n-1)$ 分布。

【例 2.1】测得值 $y_1,y_2,\cdots,y_n$ 服从 $[-1,1]$ 的均匀分布，模拟测量 1 次、2 次、3 次、5 次、10 次、50 次时测得值均值 $\overline{Y}$ 服从的分布和 $\dfrac{\overline{Y}-\mu}{S(\overline{Y})}$ 服从的分布。

(1) 如图 2-1、图 2-2 所示，当测量 1 次时，测得值 Y 服从 $[-1,1]$ 的均匀分布，$\dfrac{Y-\mu}{S(Y)}$ 服从 $[-\sqrt{3},\sqrt{3}]$ 的均匀分布。

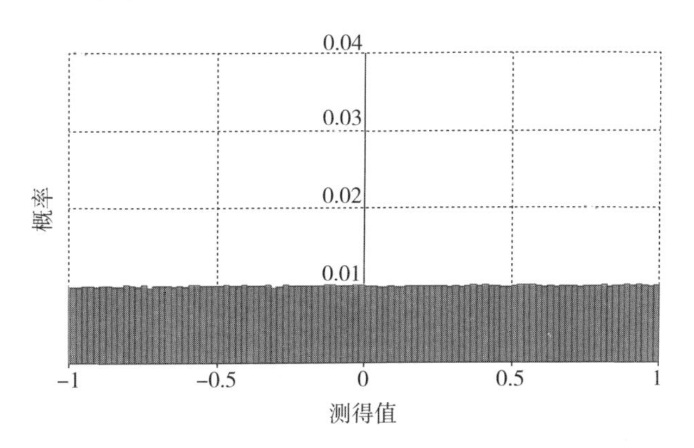

图 2-1　测量 1 次时，测得值服从的分布

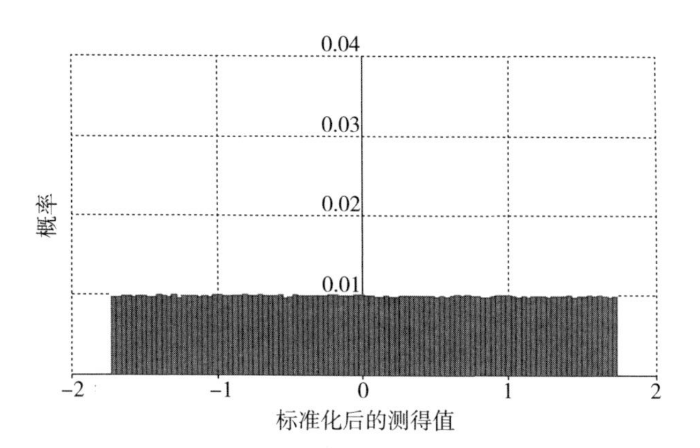

图 2-2　测量 1 次时，$\frac{Y-\mu}{S(Y)}$服从的分布

（2）如图 2-3、图 2-4 所示，当测量 2 次时，测得值均值 $\bar{Y}$ 服从三角分布，$\frac{\bar{Y}-\mu}{S(\bar{Y})}$近似服从三角分布，其中图 2-3 虚线为 $N(\mu, S^2(\bar{Y}))$ 的累积概率差曲线，图 2-4 虚线为 $t(1)$ 的累积概率差曲线。

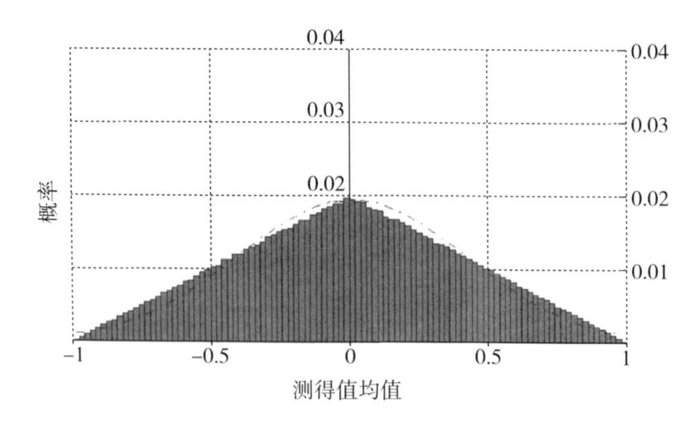

图 2-3　测量 2 次时，均值 $\bar{Y}$ 服从的分布

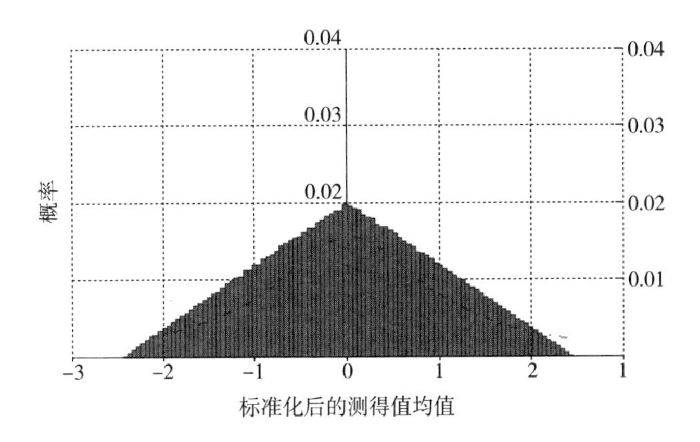

图 2-4　测量 2 次时，$\frac{\overline{Y}-\mu}{S(\overline{Y})}$服从的分布

(3)如图 2-5、图 2-6 所示，当测量 3 次时，测得值均值 $\overline{Y}$ 近似服从正态分布，$\frac{\overline{Y}-\mu}{S(\overline{Y})}$近似服从 t 分布，其中图 2-5 虚线为 $N(\mu,S^2(\overline{Y}))$的累积概率差曲线，图 2-6 虚线为 $t(2)$的累积概率差曲线。

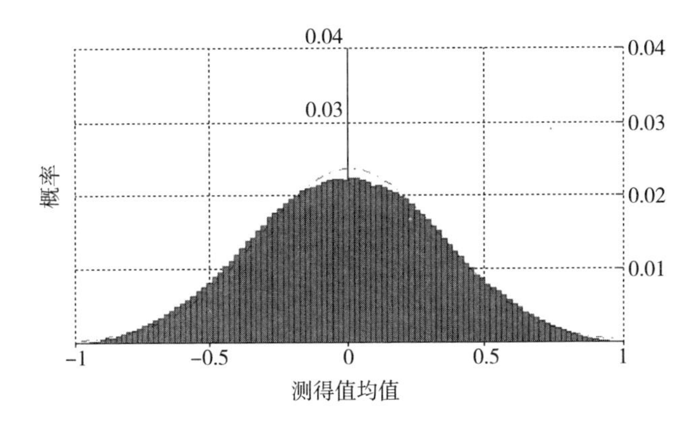

图 2-5　测量 3 次时，均值 $\overline{Y}$ 服从的分布

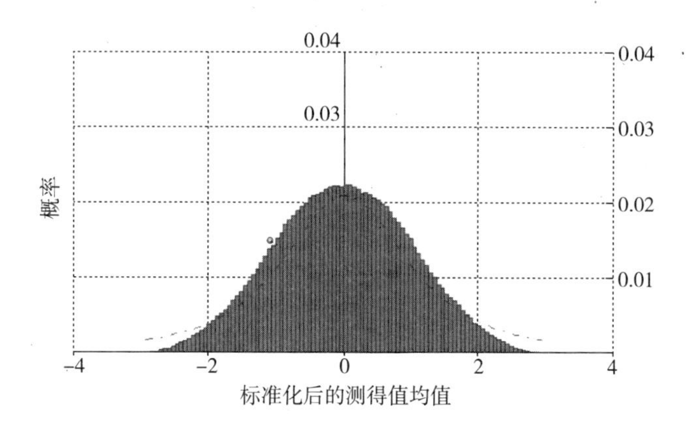

图 2-6　测量 3 次时，$\frac{\overline{Y}\mu}{S(\overline{Y})}$服从的分布

(4)如图 2-7、图 2-8 所示，当测量 5 次时，测得值均值 $\overline{Y}$ 近似服从正态分布，$\frac{\overline{Y}-\mu}{S(\overline{Y})}$近似服从 t 分布，其中图 2-7 虚线为 $N(\mu,S^2(\overline{Y}))$ 的累积概率差曲线，图 2-8 虚线为 $t(4)$ 的累积概率差曲线。

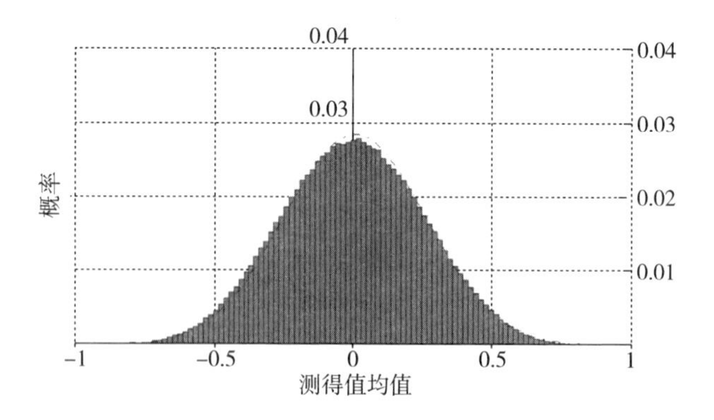

图 2-7　测量 5 次时，均值 $\overline{Y}$ 服从的分布

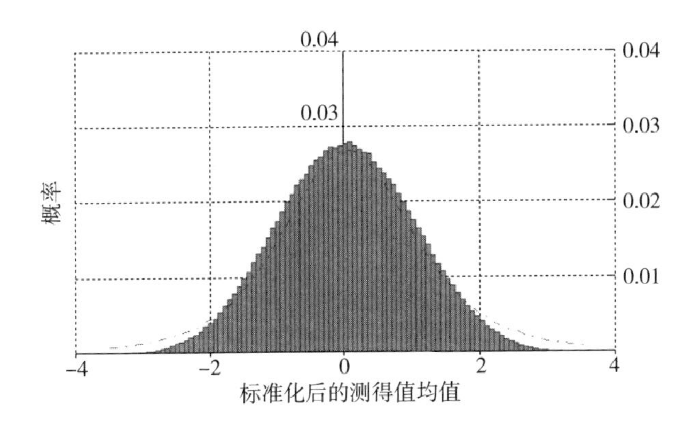

图 2－8　测量 5 次时，$\frac{\overline{Y}-\mu}{S(\overline{Y})}$服从的分布

（5）如图 2－9、图 2－10 所示，当测量 10 次时，测得值均值 $\overline{Y}$ 近似服从正态分布，$\frac{\overline{Y}-\mu}{S(\overline{Y})}$近似服从 t 分布，其中图 2－9 虚线为 $N(\mu,S^2(\overline{Y}))$ 的累积概率差曲线，图 2－10 虚线为 $t(9)$ 的累积概率差曲线。

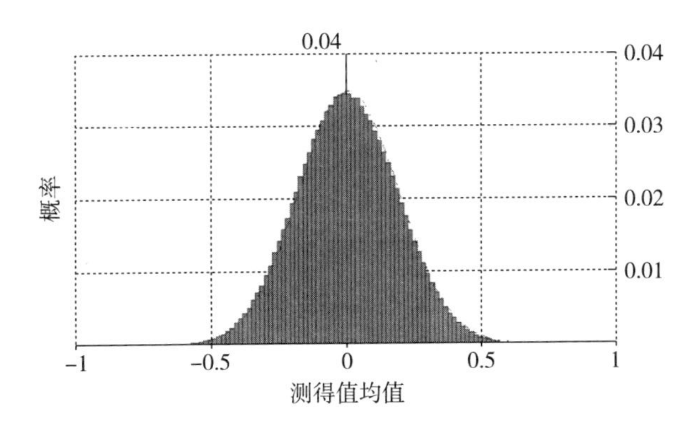

图 2－9　测量 10 次时，均值 $\overline{Y}$ 服从的分布

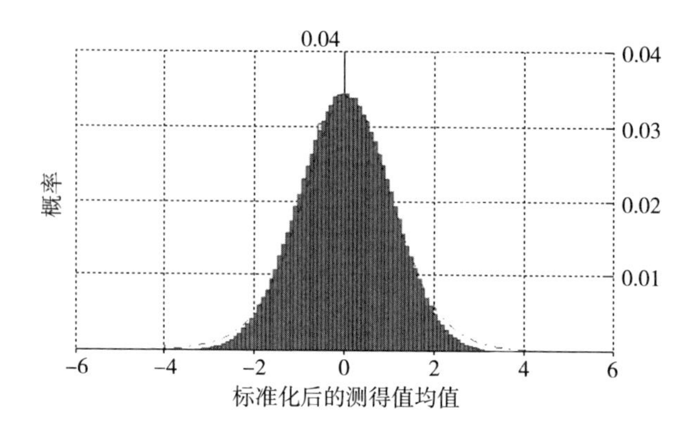

图 2－10　测量 10 次时，$\frac{\bar{Y}-\mu}{S(\bar{Y})}$服从的分布

（6）如图 2－11、图 2－12 所示，当测量 50 次时，测得值均值 $\bar{Y}$ 近似服从正态分布，$\frac{\bar{Y}-\mu}{S(\bar{Y})}$近似服从 t 分布，其中图 2－11 虚线为 $N(\mu,S^2(\bar{Y}))$ 的累积概率差曲线，图 2－12 虚线为 $t(49)$ 的累积概率差曲线。

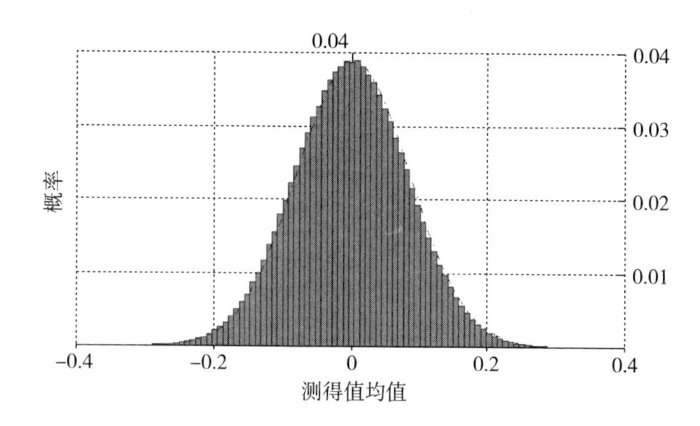

图 2－11　测量 50 次时，均值 $\bar{Y}$ 服从的分布

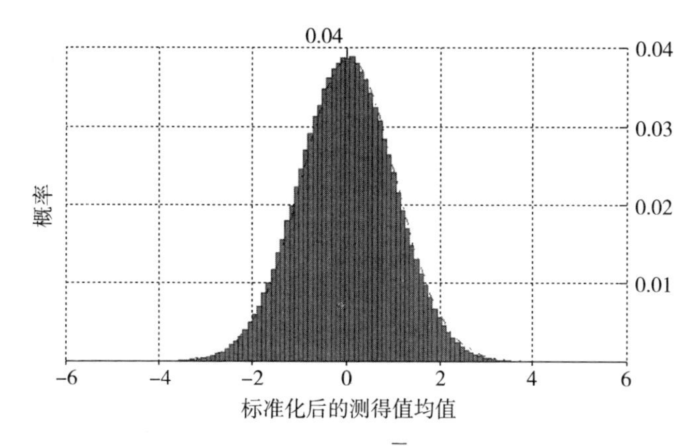

图 2-12　测量 50 次时，$\frac{\overline{Y}-\mu}{S(\overline{Y})}$服从的分布

【例 2.2】测得值 $y_1, y_2, \cdots, y_n$ 服从标准正态分布时，模拟测量 1 次、2 次、3 次、5 次、10 次、50 次时测得值均值 $\overline{Y}$ 服从的分布和$\frac{\overline{Y}-\mu}{S(\overline{Y})}$服从的分布。

(1)如图 2-13 所示，当测量 1 次时，测得值均值 $\overline{Y}$、$\frac{\overline{Y}-\mu}{S(\overline{Y})}$服从 $N(0,1)$的标准正态分布，图中虚线为 $N(0,1)$的累积概率差曲线。

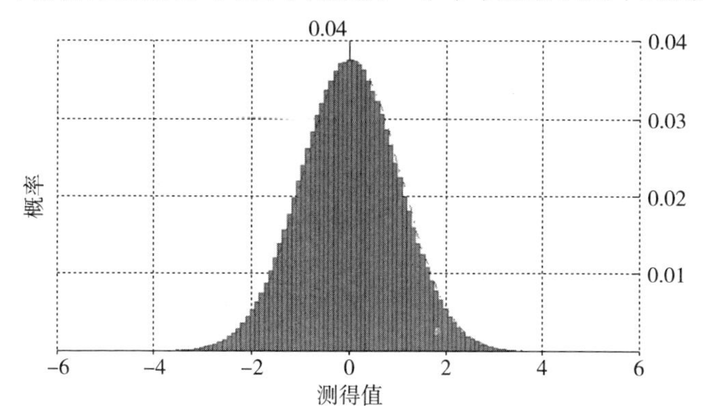

图 2-13　测量 1 次时，测得值 Y、$\frac{Y-\mu}{S(Y)}$服从的分布

(2)如图2-14、图2-15所示,当测量2次时,测得值均值$\overline{Y}$近似服从正态分布,$\frac{\overline{Y}-\mu}{S(\overline{Y})}$近似服从$t$分布,其中图2-14虚线为$N(\mu,S^2(\overline{Y}))$的累积概率差曲线,图2-15虚线为$t(1)$的累积概率差曲线。

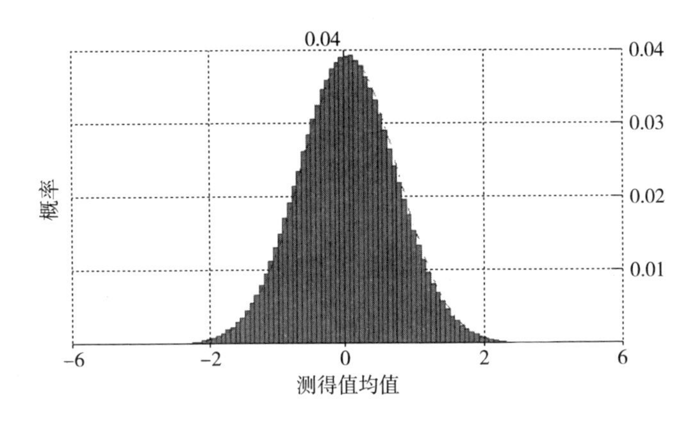

图2-14　测量2次时,均值$\overline{Y}$服从的分布

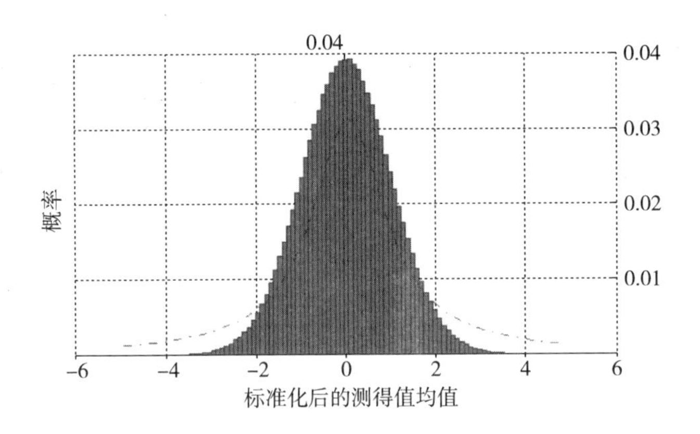

图2-15　测量2次时,$\frac{\overline{Y}-\mu}{S(\overline{Y})}$服从的分布

(3)如图2-16、图2-17所示,当测量3次时,测得值均值$\overline{Y}$近似服从正态分布,$\frac{\overline{Y}-\mu}{S(\overline{Y})}$近似服从$t$分布,其中图2-16虚线为$N(\mu,S^2(\overline{Y}))$

的累积概率差曲线，图 2－17 虚线为 $t(2)$ 的累积概率差曲线。

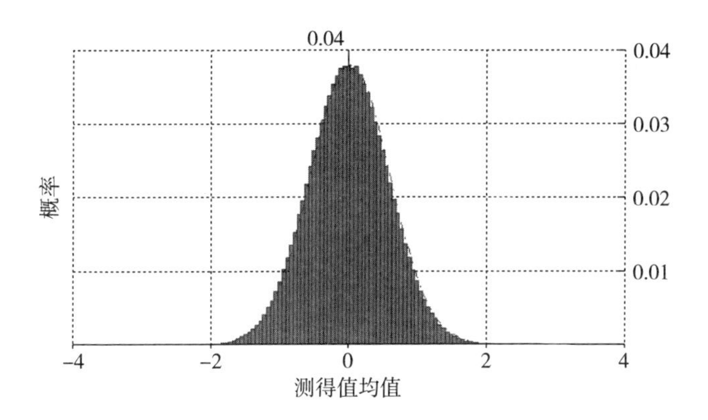

图 2－16　测量 3 次时，均值 $\overline{Y}$ 服从的分布

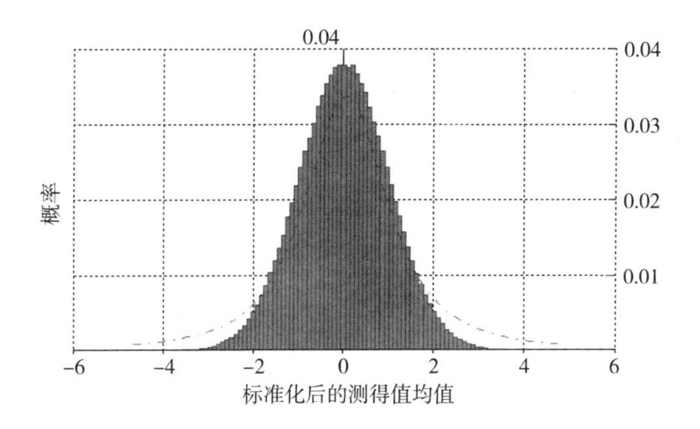

图 2－17　测量 3 次时，$\dfrac{\overline{Y}-\mu}{S(\overline{Y})}$ 服从的分布

（4）如图 2－18、图 2－19 所示，当测量 5 次时，测得值均值 $\overline{Y}$ 近似服从正态分布，$\dfrac{\overline{Y}-\mu}{S(\overline{Y})}$ 近似服从 t 分布，其中图 2－18 虚线为 $N(\mu, S^2(\overline{Y}))$ 的累积概率差曲线，图 2－19 虚线为 $t(4)$ 的累积概率差曲线。

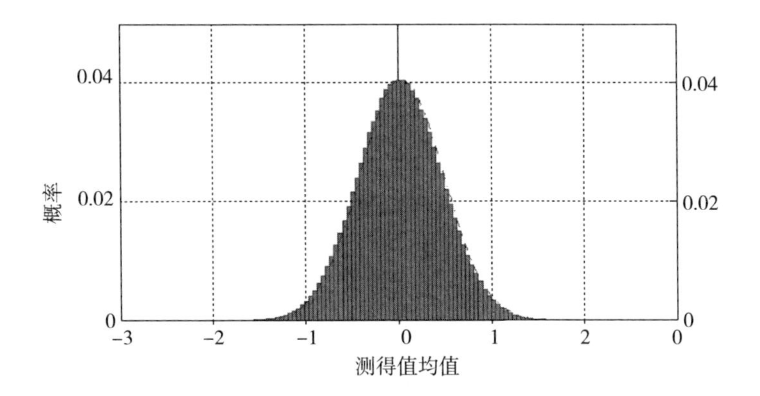

图 2－18　测量 5 次时，均值 $\bar{Y}$ 服从的分布

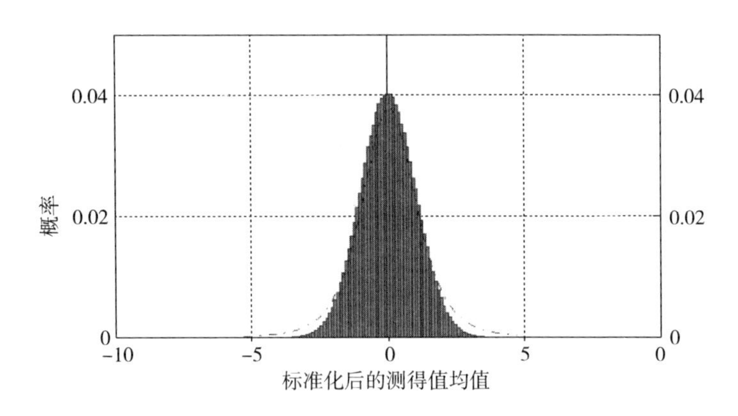

图 2－19　测量 5 次时，$\dfrac{\bar{Y}-\mu}{S(\bar{Y})}$ 服从的分布

（5）如图 2－20、图 2－21 所示，当测量 10 次时，测得值均值 $\bar{Y}$ 近似服从正态分布，$\dfrac{\bar{Y}-\mu}{S(\bar{Y})}$ 近似服从 t 分布，其中图 2－20 虚线为 $N(\mu,S^2(\bar{Y}))$ 的累积概率差曲线，图 2－21 虚线为 $t(9)$ 的累积概率差曲线。

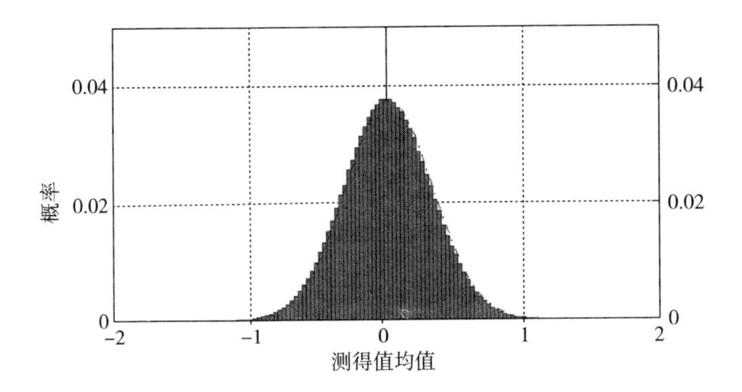

图 2－20　测量 10 次时，均值 $\overline{Y}$ 服从的分布

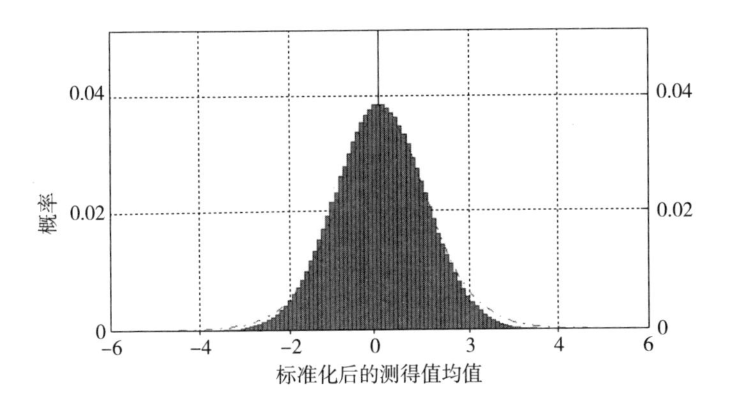

图 2－21　测量 10 次时，$\dfrac{\overline{Y}-\mu}{S(\overline{Y})}$ 服从的分布

（6）如图 2－22、图 2－23 所示，当测量 50 次时，测得值均值 $\overline{Y}$ 近似服从正态分布，$\dfrac{\overline{Y}-\mu}{S(\overline{Y})}$ 近似服从 t 分布，其中图 2－22 虚线为 $N(\mu,S^2(\overline{Y}))$ 的累积概率差曲线，图 2－23 虚线为 $t(49)$ 的累积概率差曲线。

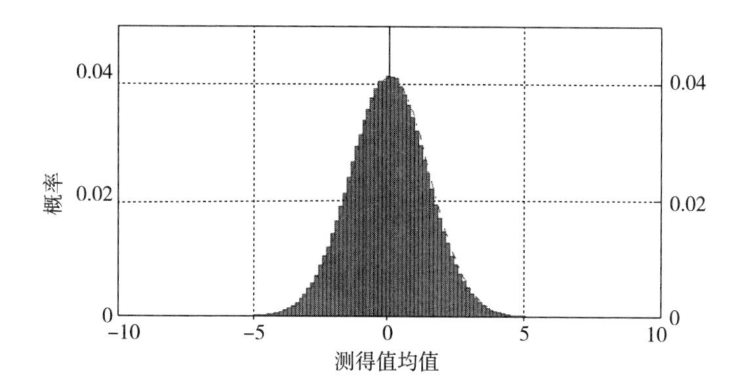

图 2-22　测量 50 次时，均值 $\overline{Y}$ 服从的分布

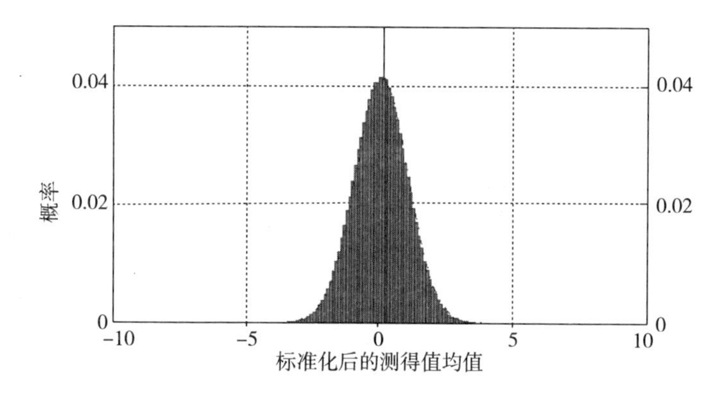

图 2-23　测量 50 次时，$\dfrac{\overline{Y}-\mu}{S(\overline{Y})}$ 服从的分布

2.6　合成标准测量不确定度的条件表达式

2.6.1　条件Ⅰ下的概率分析

我们将满足如下条件的测量称为条件Ⅰ下的测量：

——在给定实验室环境条件 C_0 下，被测量真值对应的条件随机

变量 $X|_{C_0}$ 的取值 $X|_{C_0=c_{0,t}}=x_{\text{true}}$，$t\in(t_0,t_1)$

——$X_S|_{C_0=c_{0,t},C_1=c_{1,t}}$ 为在 t 时刻，实验室条件为 $c_{0,t}$ 时，测量系统 $c_{1,t}$ 对测得值 $Y|_{C_0=c_{0,t},C_1=c_{1,t}}$ 的影响，且若 β 为一常数，则 $t\in(t_0,t_1)$ 时，有

$$X_S|_{C_0=c_{0,t},C_1=c_{1,t}}=E_{C_2}[Y|_{C_0=c_{0,t},C_1=c_{1,t},C_2}]-X|_{C_0=c_{0,t}}=\beta \tag{2-18}$$

——$X_R|_{C_0=c_{0,t},C_1=c_{1,t},C_2=c_{2,t}}$ 为在 t 时刻，实验室条件为 $c_{0,t}$ 时，测量系统为 $c_{1,t}$ 时，未知影响因素 $c_{2,t}$ 对测得值 $Y|_{C_0=c_{0,t},C_1=c_{1,t},C_2=c_{2,t}}$ 的影响，且

①$X_R|_{C_0=c_{0,t},C_1=c_{1,t},C_2=c_{2,t}}=Y|_{C_0=c_{0,t},C_1=c_{1,t},C_2=c_{2,t}}-E_{C_2}[Y|_{C_0=c_{0,t},C_1=c_{1,t},C_2}]$；

②$E_{C_2}[X_R|_{C_0=c_{0,t},C_1=c_{1,t},C_2}]=0$；

③随机变量 $X|_{C_0}$，$X_S|_{C_0,C_1}$，$X_R|_{C_0,C_1,C_2}$ 相互独立。

基于以上条件，依据式(2-6)，任一测得值有

$$Y|_{C_0=c_{0,t},C_1=c_{1,t},C_2=c_{2,t}}=x_{\text{true}}+\beta+X_R|_{C_0=c_{0,t},C_1=c_{1,t},C_2=c_{2,t}} \tag{2-19}$$

则测得值对应的随机变量可表示为

$$Y|_{C_0,C_1,C_2}=x_{\text{true}}+\beta+X_R|_{C_0,C_1,C_2} \tag{2-20}$$

式(2-20)的期望和方差分别为

$$E_{C_2}[Y|_{C_0,C_1,C_2}]=x_{\text{true}}+\beta$$

$$\text{Var}_{C_2}(Y|_{C_0,C_1,C_2})=\text{Var}_{C_2}(X_R|_{C_0,C_1,C_2})$$

2.6.1.1　测得值对应随机变量在第Ⅰ类总体的讨论

第Ⅰ类总体的期望和方差为

$$E_{C_2}[Y|_{C_0,C_1,C_2}]=x_{\text{true}}+\beta$$

$$\text{Var}_{C_2}(Y|_{C_0,C_1,C_2})=\text{Var}_{C_2}(X_R|_{C_0,C_1,C_2})$$

(1)单次测得值误差概率区间及由单次测得值给出的真值的包含区间

根据 Chebyshev 不等式，对于实数 $k>0$，有

$$P\{|Y|_{C_0=c_{0,t},C_1=c_{1,t},C_2=c_{2,t}}-x_{\text{true}}-\beta|\geqslant k\sqrt{\text{Var}_{C_2}(Y|_{C_0,C_1,C_2})}\}\leqslant\frac{1}{k^2} \tag{2-21}$$

式(2-21)展开后有

$$P\{\beta - k\sqrt{\mathrm{Var}_{C_2}(Y|_{C_0,C_1,C_2})} \leqslant Y|_{C_0=c_{0,t},C_1=c_{1,t},C_2=c_{2,t}} - x_{\mathrm{true}} \leqslant \beta + k\sqrt{\mathrm{Var}_{C_2}(Y|_{C_0,C_1,C_2})}\} > 1 - \frac{1}{k^2} \tag{2-22}$$

也就说在条件Ⅰ下,单次测得值误差 $Y|_{C_0=c_{0,t},C_1=c_{1,t},C_2=c_{2,t}} - x_{\mathrm{true}}$ 在区间$(\beta - k\sqrt{\mathrm{Var}_{C_2}(Y|_{C_0,C_1,C_2})}, \beta + k\sqrt{\mathrm{Var}_{C_2}(Y|_{C_0,C_1,C_2})})$的概率大于 $1-\frac{1}{k^2}$;当已知$|\beta| \leqslant \beta_{\max}$时,误差 $Y|_{C_0=c_{0,t},C_1=c_{1,t},C_2=c_{2,t}} - x_{\mathrm{true}}$在区间$(-\beta_{\max} - k\sqrt{\mathrm{Var}_{C_2}(Y|_{C_0,C_1,C_2})}, \beta_{\max} + k\sqrt{\mathrm{Var}_{C_2}(Y|_{C_0,C_1,C_2})})$的概率大于 $1-\frac{1}{k^2}$。即有

$$P\{-\beta_{\max} - k\sqrt{\mathrm{Var}_{C_2}(Y|_{C_0,C_1,C_2})} < Y|_{C_0=c_{0,t},C_1=c_{1,t},C_2=c_{2,t}} - x_{\mathrm{true}} < \beta_{\max} + k\sqrt{\mathrm{Var}_{C_2}(Y|_{C_0,C_1,C_2})}\} > 1 - \frac{1}{k^2} \tag{2-23}$$

显然式(2-23)还可变换为

$$P\{Y|_{C_0=c_{0,t},C_1=c_{1,t},C_2=c_{2,t}} - \beta_{\max} - k\sqrt{\mathrm{Var}_{C_2}(Y|_{C_0,C_1,C_2})} < x_{\mathrm{true}} < Y|_{C_0=c_{0,t},C_1=c_{1,t},C_2=c_{2,t}} + \beta_{\max} + k\sqrt{\mathrm{Var}_{C_2}(Y|_{C_0,C_1,C_2})}\} > 1 - \frac{1}{k^2} \tag{2-24}$$

因此,真值 x_{true}在给定区间$\left(Y|_{C_0=c_{0,t},C_1=c_{1,t},C_2=c_{2,t}} - \beta_{\max} - k\sqrt{\mathrm{Var}_{C_2}(Y|_{C_0,C_1,C_2})}, Y|_{C_0=c_{0,t},C_1=c_{1,t},C_2=c_{2,t}} + \beta_{\max} + k\sqrt{\mathrm{Var}_{C_2}(Y|_{C_0,C_1,C_2})}\right)$的概率大于 $1-\frac{1}{k^2}$。

因此,无论测得值服从何种分布,都有

①单次测得值误差 $Y|_{C_0=c_{0,t},C_1=c_{1,t},C_2=c_{2,t}} - x_{\mathrm{true}}$在区间$\left(-\beta_{\max} - k\sqrt{\mathrm{Var}_{C_2}(Y|_{C_0,C_1,C_2})}, \beta_{\max} + k\sqrt{\mathrm{Var}_{C_2}(Y|_{C_0,C_1,C_2})}\right)$的概率大于 $1-\frac{1}{k^2}$;

②真值 x_{true} 在给定区间

$$\left(Y\big|_{C_0=c_{0,t},C_1=c_{1,t},C_2=c_{2,t}}-\beta_{max}-k\sqrt{\mathrm{Var}_{C_2}(Y|_{C_0,C_1,C_2})},\right.$$
$$\left.Y\big|_{C_0=c_{0,t},C_1=c_{1,t},C_2=c_{2,t}}+\beta_{max}+k\sqrt{\mathrm{Var}_{C_2}(Y|_{C_0,C_1,C_2})}\right)$$

的概率大于 $1-\dfrac{1}{k^2}$。

(2)测得值均值误差的概率区间及由测得值均值给出的真值的包含区间

在条件 I 下，测量人员获得 n 个测得值 $y_1,y_2,\cdots,y_n$ 后，可求得均值 $\bar{Y}=\dfrac{1}{n}\sum_{i=1}^{n}y_i$ 和样本方差 $s^2(\bar{Y})=\dfrac{s^2(y)}{n}$，若不考虑分布，则依据 Chebyshev 不等式，均值 $\bar{Y}$ 的测量误差在区间 $\left(-\beta_{max}-k\dfrac{s(y)}{\sqrt{n}},\ \beta_{max}+k\dfrac{s(y)}{\sqrt{n}}\right)$ 的概率，以及真值在区间 $\left(\bar{y}-\beta_{max}-k\dfrac{s(y)}{\sqrt{n}},\bar{y}+\beta_{max}+k\dfrac{s(y)}{\sqrt{n}}\right)$ 的概率均大于 $1-\dfrac{1}{k^2}$；进一步，根据定理 4，可知随机变量 $\dfrac{\bar{Y}|_{C_0=c_{0,t},C_1=c_{1,t},C_2}-x_{true}-\beta}{s(\bar{Y})}$ 服从 $t(n-1)$ 分布，则

$$P\left\{-t_{\alpha/2}(n-1)<\frac{\bar{Y}|_{C_0=c_{0,t},C_1=c_{1,t},C_2}-x_{true}-\beta}{s(\bar{y})}<t_{\alpha/2}(n-1)\right\}=1-\alpha \tag{2-25}$$

将 $|\beta|\leqslant\beta_{max}$ 代入式(2-25)，则有

$$P\{-\beta_{max}-t_{\alpha/2}(n-1)s(\bar{y})<Y|_{C_0=c_{0,t},C_1=c_{1,t},C_2}-$$
$$x_{true}<\beta_{max}+t_{\alpha/2}(n-1)s(\bar{y})\}\geqslant 1-\alpha$$

因此

①测得值 $y_1,y_2,\cdots,y_n$ 的均值 $\bar{y}$ 的测量误差在区间 $\left(-\beta_{max}-t_{\alpha/2}(n-1)\dfrac{s(y)}{\sqrt{n}},\beta_{max}+t_{\alpha/2}(n-1)\dfrac{s(y)}{\sqrt{n}}\right)$ 的概率大于等于 $1-\alpha$；

②真值在区间 $\left(\bar{y}-\beta_{max}-t_{\alpha/2}(n-1)\dfrac{s(y)}{\sqrt{n}},\ \bar{y}+\beta_{max}+t_{\alpha/2}(n-1)\dfrac{s(y)}{\sqrt{n}}\right)$

的概率大于等于 $1-\alpha$。

2.6.1.2 测得值对应随机变量在第Ⅱ类总体的讨论

从式(2-20)可知,测得值 $Y|_{C_0=c_{0,t},C_1=c_{1,t},C_2=c_{2,t}}$ 可以看作随机变量 $(Y|_{C_0,C_1,C_2})$ 在先选定实验室 $C_0=c_{0,t}$,再选定测量系统 $C_1=c_{1,t}$,然后在未知因素 $C_2=c_{2,t}$ 的影响下进行测量获得的测得值。因此测得值 $Y|_{C_0=c_{0,t},C_1=c_{1,t},C_2=c_{2,t}}$ 可以看作条件随机变量 $(Y|_{C_0,C_1,C_2})|_{C_0=c_{0,t},C_1=c_{1,t}}$ 的样本点,因此式(2-20)的等效表达式为

$$(Y|_{C_0,C_1,C_2})|_{C_0=c_{0,t},C_1=c_{1,t}}=x_{\text{true}}+(X_S|_{C_0,C_1})|_{C_0=c_{0,t},C_1=c_{1,t}}+(X_R|_{C_0,C_1,C_2})|_{C_0=c_{0,t},C_1=c_{1,t}} \qquad (2-26)$$

为了表示方便,式(2-26)可简写为

$$Y|_{C_0,C_1,C_2}=x_{\text{true}}+X_S|_{C_0,C_1}+X_R|_{C_0,C_1,C_2} \qquad (2-27)$$

进而测得值 $Y|_{C_0=c_{0,t},C_1=c_{1,t},C_2=c_{2,t}}$ 也可以看作式(2-27)中条件随机变量 $Y|_{C_0,C_1,C_2}$ 的样本点。式(2-27)的期望为

$$E_{C_0,C_1,C_2}[Y|_{C_0,C_1,C_2}]=x_{\text{true}}+E_{C_0,C_1}[X_S|_{C_0,C_1}]+E_{C_0,C_1,C_2}[X_R|_{C_0,C_1,C_2}] \qquad (2-28)$$

由于

$$E_{C_2}[X_R|_{C_0=c_{0,t},C_1=c_{1,t},C_2}]=0$$

所以

$$E_{C_0,C_1,C_2}[X_R|_{C_0,C_1,C_2}]=0$$

因此,式(2-28)简化为

$$E_{C_0,C_1,C_2}[Y|_{C_0,C_1,C_2}]=x_{\text{true}}+E_{C_0,C_1}[X_S|_{C_0,C_1}] \qquad (2-29)$$

又由于 $X_S|_{C_0=c_{0,t},C_1=c_{1,t}}=E_{C_2}[Y|_{C_0=c_{0,t},C_1=c_{1,t},C_2}]-X|_{C_0=c_{0,t}}=\beta$,则有 $(X_S|_{C_0,C_1})|_{C_0=c_{0,t},C_1=c_{1,t}}=\beta$,因此,在条件 $C_0=c_{0,t}$,$C_1=c_{1,t}$ 时,$(X_S|_{C_0,C_1})|_{C_0=c_{0,t},C_1=c_{1,t}}=\beta$ 可以看作随机变量 $X_S|_{C_0,C_1}$ 的一个样本点。

从概率学及计量实践上,总可以假设

$$E_{C_0,C_1}[X_S|_{C_0,C_1}]=0 \qquad (2-30)$$

因此有

$$E_{C_0,C_1,C_2}[Y|_{C_0,C_1,C_2}] = x_{\text{true}} \tag{2-31}$$

式(2－31)就是第Ⅱ类总体的期望。

(1)单次测得值误差概率区间及由单次测得值给出的真值的包含区间

由于$X_S|_{C_0,C_1}$,$X_R|_{C_0,C_1,C_2}$相互独立,则式(2－27)的方差为

$$\mathrm{Var}_{C_0,C_1,C_2}(Y|_{C_0,C_1,C_2}) = \mathrm{Var}_{C_0,C_1}(X_S|_{C_0,C_1}) + \mathrm{Var}_{C_0,C_1,C_2}(X_R|_{C_0,C_1,C_2}) \tag{2-32}$$

由于测得值$y_1,y_2,\cdots,y_n$往往是$(Y|_{C_0,C_1,C_2})|_{C_0,C_1}$的样本点,为了能够更明确地表达这一关系,根据条件方差公式(1－11),式(2－27)的方差又可表示为

$$\mathrm{Var}_{C_0,C_1,C_2}(Y|_{C_0,C_1,C_2}) = E_{C_0,C_1}[\mathrm{Var}_{C_2}((Y|_{C_0,C_1,C_2})|_{C_0,C_1})] + \mathrm{Var}_{C_0,C_1}(E_{C_2}[(Y|_{C_0,C_1,C_2})|_{C_0,C_1}]) \tag{2-33}$$

①$E_{C_0,C_1}[\mathrm{Var}_{C_2}((Y|_{C_0,C_1,C_2})|_{C_0,C_1})]$估计值的求取

显然,应用已知条件Ⅰ,将式(2－27)代入$E_{C_0,C_1}[\mathrm{Var}_{C_2}((Y|_{C_0,C_1,C_2})|_{C_0,C_1})]$有

$$E_{C_0,C_1}[\mathrm{Var}_{C_2}((Y|_{C_0,C_1,C_2})|_{C_0,C_1})]$$
$$= E_{C_0,C_1}[\mathrm{Var}_{C_2}((x_{\text{true}} + X_S|_{C_0,C_1} + X_R|_{C_0,C_1,C_2})|_{C_0,C_1})] \tag{2-34}$$

考虑到$X_S|_{C_0,C_1}$,$X_R|_{C_0,C_1,C_2}$不相关,所以式(2－34)等于

$$E_{C_0,C_1}[\mathrm{Var}_{C_2}(x_{\text{true}}) + \mathrm{Var}_{C_2}((X_S|_{C_0,C_1})|_{C_0,C_1}) + \mathrm{Var}_{C_2}((X_R|_{C_0,C_1,C_2})|_{C_0,C_1})] \tag{2-35}$$

由于x_{true}为常数,所以$\mathrm{Var}_{C_2}(x_{\text{true}})=0$;$(X_S|_{C_0,C_1})|_{C_0,C_1}$的值与条件$C_2$无关,故$\mathrm{Var}_{C_2}((X_S|_{C_0,C_1})|_{C_0,C_1})=0$。因此,式(2－35)等于

$$E_{C_0,C_1}[\mathrm{Var}_{C_2}((X_R|_{C_0,C_1,C_2})|_{C_0,C_1})] = \mathrm{Var}_{C_2}((X_R|_{C_0,C_1,C_2})|_{C_0,C_1})$$

所以有

$$E_{C_0,C_1}[\mathrm{Var}_{C_2}((Y|_{C_0,C_1,C_2})|_{C_0,C_1})] = \mathrm{Var}_{C_2}((X_R|_{C_0,C_1,C_2})|_{C_0,C_1}) \tag{2-36}$$

在条件Ⅰ下,已知任一测得值y_i可表示为

$$y_i = x_{\text{true}} + \beta + X_R|_{C_0=c_{0,i},C_1=c_{1,i},C_2=c_{2,i}}$$

则其样本方差为

$$s^2(y)=\frac{1}{n-1}\sum_{i=1}^{n}[(X_R|_{C_0,C_1,C_2}=c_{2,i})|_{C_0=c_{0,i},C_1=c_{1,i}}-$$

$$\frac{1}{n}\sum_{i=1}^{n}(X_R|_{C_0,C_1,C_2}=c_{2,i})|_{C_0=c_{0,i},C_1=c_{1,i}}]^2$$

$$=s^2((X_R|_{C_0,C_1,C_2}=c_{2,i})|_{C_0=c_{0,i},C_1=c_{1,i}}) \tag{2-37}$$

显然,测得值的样本方差 $s^2(y)$ 就是 $\mathrm{Var}_{C_2}((X_R|_{C_0,C_1,C_2})|_{C_0,C_1})$ 的一个估计。

②$\mathrm{Var}_{C_0,C_1}(E_{C_2}[(Y|_{C_0,C_1,C_2})|_{C_0,C_1}])$估计值的求取

应用已知条件Ⅰ,将式(2-27)代入

$$\mathrm{Var}_{C_0,C_1}(E_{C_2}[(Y|_{C_0,C_1,C_2})|_{C_0,C_1}])$$

则有

$$\mathrm{Var}_{C_0,C_1}(E_{C_2}[(Y|_{C_0,C_1,C_2})|_{C_0,C_1}])$$

$$=\mathrm{Var}_{C_0,C_1}(E_{C_2}[(x_{\text{true}}+X_S|_{C_0,C_1}+X_R|_{C_0,C_1,C_2})|_{C_0,C_1}])$$

$$=\mathrm{Var}_{C_0,C_1}(x_{\text{true}}+E_{C_2}[(X_S|_{C_0,C_1})|_{C_0,C_1}]+$$

$$E_{C_2}[(X_R|_{C_0,C_1,C_2})|_{C_0,C_1}]) \tag{2-38}$$

由于 x_{true} 为常数,$E_{C_2}[(X_R|_{C_0,C_1,C_2})|_{C_0,C_1}]=0$,所以式(2-38)简化为

$$\mathrm{Var}_{C_0,C_1}(E_{C_2}[(Y|_{C_0,C_1,C_2})|_{C_0,C_1}])=\mathrm{Var}_{C_0,C_1}((X_S|_{C_0,C_1})|_{C_0,C_1}) \tag{2-39}$$

因此,$\mathrm{Var}_{C_0,C_1}((X_S|_{C_0,C_1})|_{C_0,C_1})$ 是 $\mathrm{Var}_{C_0,C_1}(\beta)$ 的方差,也即样本点 β 在条件随机变量 $X_S|_{C_0,C_1}$ 所在总体的方差。显然计量人员在大多数情况下都能估计出条件Ⅰ下,样本点 β 所在样本总体的方差。

③概率区间

根据 Chebyshev 不等式,对于实数 $k>0$,有

$$P\left\{\left|Y|_{C_0=c_{0,t},C_1=c_{1,t},C_2=c_{2,t}}-x_{\text{true}}\right|\geqslant k\sqrt{\mathrm{Var}_{C_0,C_1,C_2}(Y|_{C_0,C_1,C_2})}\right\}\leqslant\frac{1}{k^2} \tag{2-40}$$

式(2 -40)展开后有

$$P\left\{-k\sqrt{\mathrm{Var}_{C_0,C_1,C_2}(Y|_{C_0,C_1,C_2})}\leqslant Y|_{C_0=c_{0,t},C_1=c_{1,t},C_2=c_{2,t}}-x_{\text{true}}\leqslant k\sqrt{\mathrm{Var}_{C_0,C_1,C_2}(Y|_{C_0,C_1,C_2})}\right\}>1-\frac{1}{k^2} \tag{2-41}$$

也就说在条件 I 下:

——误差 $Y|_{C_0=c_{0,t},C_1=c_{1,t},C_2=c_{2,t}}-x_{\text{true}}$ 在区间 $\left(-k\sqrt{\mathrm{Var}_{C_0,C_1,C_2}(Y|_{C_0,C_1,C_2})},\ k\sqrt{\mathrm{Var}_{C_0,C_1,C_2}(Y|_{C_0,C_1,C_2})}\right)$ 的概率大于 $1-\frac{1}{k^2}$;

——真值在区间的 $\left(Y|_{C_0=c_{0,t},C_1=c_{1,t},C_2=c_{2,t}}-k\sqrt{\mathrm{Var}_{C_0,C_1,C_2}(Y|_{C_0,C_1,C_2})},\ Y|_{C_0=c_{0,t},C_1=c_{1,t},C_2=c_{2,t}}+k\sqrt{\mathrm{Var}_{C_0,C_1,C_2}(Y|_{C_0,C_1,C_2})}\right)$ 概率大于 $1-\frac{1}{k^2}$。

尽管计量人员能够假设 $X_R|_{C_0,C_1,C_2}$ 服从期望为 0 的正态分布,但是由于 $X_S|_{C_0,C_1}$ 的分布可能随计量人员经验的不同而不同,从而容易导致测得值对应的第Ⅱ类总体的统计特征并不相同。

(2)测得值均值误差概率区间及由测得值均值给出的真值的包含区间

在条件 I 下,单次测得值可表示为

$$(Y|_{C_0,C_1,C_2=c_{2,i}})|_{C_0=c_{0,i},C_1=c_{1,i}}=x_{\text{true}}+(X_S|_{C_0,C_1})|_{C_0=c_{0,i},C_1=c_{1,i}}+(X_R|_{C_0,C_1,C_2=c_{2,i}})|_{C_0=c_{0,i},C_1=c_{1,i}}$$

则对应的均值为

$$\begin{aligned}(\bar{Y}|_{C_0,C_1,C_2})|_{C_0=c_{0,i},C_1=c_{1,i}}&=\frac{1}{n}\sum_{i=1}^{n}(Y|_{C_0,C_1,C_2=c_{2,i}})|_{C_0=c_{0,i},C_1=c_{1,i}}\\&=x_{\text{true}}+\frac{1}{n}\sum_{i=1}^{n}(X_S|_{C_0,C_1})|_{C_0=c_{0,i},C_1=c_{1,i}}+\\&\quad\frac{1}{n}\sum_{i=1}^{n}(X_R|_{C_0,C_1,C_2=c_{2,i}})|_{C_0=c_{0,i},C_1=c_{1,i}}\end{aligned} \tag{2-42}$$

则均值对应的随机变量可表示为

$$\overline{Y}\mid_{C_0,C_1,C_2}=x_{\text{true}}+\overline{X}_S\mid_{C_0,C_1}+\overline{X}_R\mid_{C_0,C_1,C_2} \tag{2-43}$$

同理,测得值 $y_1,y_2,\cdots,y_n$ 的均值对应的随机变量 $\overline{Y}\mid_{C_0,C_1,C_2}$ 的方差可表示为

$$\begin{aligned}\mathrm{Var}_{C_0,C_1,C_2}(\overline{Y}\mid_{C_0,C_1,C_2})=&E_{C_0,C_1}[\mathrm{Var}_{C_2}((\overline{Y}\mid_{C_0,C_1,C_2})\mid_{C_0,C_1})]+\\&\mathrm{Var}_{C_0,C_1}(E_{C_2}[(\overline{Y}\mid_{C_0,C_1,C_2})\mid_{C_0,C_1}])\end{aligned} \tag{2-44}$$

①$E_{C_0,C_1}[\mathrm{Var}_{C_2}((\overline{Y}\mid_{C_0,C_1,C_2})\mid_{C_0,C_1})]$估计值的求取

应用已知条件Ⅰ,将式(2-43)代入

$$E_{C_0,C_1}[\mathrm{Var}_{C_2}((\overline{Y}\mid_{C_0,C_1,C_2})\mid_{C_0,C_1})]$$

则有

$$\begin{aligned}&E_{C_0,C_1}[\mathrm{Var}_{C_2}((\overline{Y}\mid_{C_0,C_1,C_2})\mid_{C_0,C_1})]\\&=E_{C_0,C_1}[\mathrm{Var}_{C_2}((x_{\text{true}}+\overline{X}_S\mid_{C_0,C_1}+\overline{X}_R\mid_{C_0,C_1,C_2})\mid_{C_0,C_1})]\\&=E_{C_0,C_1}[\mathrm{Var}_{C_2}((\overline{X}_R\mid_{C_0,C_1,C_2})\mid_{C_0,C_1})]\\&=\mathrm{Var}_{C_2}((\overline{X}_R\mid_{C_0,C_1,C_2})\mid_{C_0,C_1})\end{aligned} \tag{2-45}$$

在条件Ⅰ下,已知测得值均值 $\overline{Y}$ 的样本方差为

$$\begin{aligned}s^2(\overline{Y})&=\frac{1}{n}s^2((X_R\mid_{C_0,C_1,C_2=c_{2,i}})\mid_{C_0=c_{0,i},C_1=c_{1,i}})\\&=s^2((\overline{X}_R\mid_{C_0,C_1,C_2})\mid_{C_0,C_1})\end{aligned}$$

测得值均值的样本方差 $s^2(\overline{Y})$ 就是 $\mathrm{Var}_{C_2}((\overline{X}_R\mid_{C_0,C_1,C_2})\mid_{C_0,C_1})$ 的一个估计。

②$\mathrm{Var}_{C_0,C_1}(E_{C_2}[(\overline{Y}\mid_{C_0,C_1,C_2})\mid_{C_0,C_1}])$估计值的求取

应用已知条件Ⅰ,将式(2-43)代入

$$\mathrm{Var}_{C_0,C_1}(E_{C_2}[(\overline{Y}\mid_{C_0,C_1,C_2})\mid_{C_0,C_1}])$$

则有

$$\begin{aligned}&\mathrm{Var}_{C_0,C_1}(E_{C_2}[(\overline{Y}\mid_{C_0,C_1,C_2})\mid_{C_0,C_1}])\\&=\mathrm{Var}_{C_0,C_1}(E_{C_2}[(x_{\text{true}}+\overline{X}_S\mid_{C_0,C_1}+\overline{X}_R\mid_{C_0,C_1,C_2})\mid_{C_0,C_1}])\\&=\mathrm{Var}_{C_0,C_1}(x_{\text{true}}+(\overline{X}_S\mid_{C_0,C_1})\mid_{C_0,C_1}+E_{C_2}[(\overline{X}_R\mid_{C_0,C_1,C_2})\mid_{C_0,C_1}])\end{aligned} \tag{2-46}$$

由于

$$E_{C_2}[(X_R|_{C_0,C_1,C_2})|_{C_0,C_1}]=0$$

所以

$$E_{C_2}[(\overline{X}_R|_{C_0,C_1,C_2})|_{C_0,C_1}]=0 \tag{2-47}$$

式(2-46)简化为

$$\mathrm{Var}_{C_0,C_1}(E_{C_2}[(\overline{Y}|_{C_0,C_1,C_2})|_{C_0,C_1}])=\mathrm{Var}_{C_0,C_1}((\overline{X}_S|_{C_0,C_1})|_{C_0,C_1}) \tag{2-48}$$

③概率区间

根据定理4,已知随机变量$\dfrac{\overline{Y}|_{C_0,C_1,C_2}-x_{\mathrm{true}}}{\sqrt{\mathrm{Var}_{C_0,C_1,C_2}(\overline{Y}|_{C_0,C_1,C_2})}}$服从 $t(n-1)$ 分布，则

$$P\left\{-t_{\alpha/2}(n-1)<\frac{\overline{Y}|_{C_0,C_1,C_2}-x_{\mathrm{true}}}{\sqrt{\mathrm{Var}_{C_0,C_1,C_2}(\overline{Y}|_{C_0,C_1,C_2})}}<t_{\alpha/2}(n-1)\right\}=1-\alpha \tag{2-49}$$

因此:

——测得值 $y_1,y_2,\cdots,y_n$ 的均值 $\bar{y}$ 的测量误差在区间 $\left(-t_{\alpha/2}(n-1)\sqrt{\mathrm{Var}_{C_0,C_1,C_2}(\overline{Y}|_{C_0,C_1,C_2})},t_{\alpha/2}(n-1)\sqrt{\mathrm{Var}_{C_0,C_1,C_2}(\overline{Y}|_{C_0,C_1,C_2})}\right)$ 的概率等于 $1-\alpha$;

——真值在区间 $\left(\bar{y}-t_{\alpha/2}(n-1)\sqrt{\mathrm{Var}_{C_0,C_1,C_2}(\overline{Y}|_{C_0,C_1,C_2})},\bar{y}+t_{\alpha/2}(n-1)\sqrt{\mathrm{Var}_{C_0,C_1,C_2}(\overline{Y}|_{C_0,C_1,C_2})}\right)$的概率等于 $1-\alpha$。

不同总体下,误差及真值所在概率区间的对比见表 2-1。在没有特别说明的情况下,本书后续都基于表 2-1 中测得值所在第Ⅱ类总体上进行不确定度评估的讨论。

表 2－1　不同总体下，误差及真值所在概率区间的对比

实验室环境条件 C_0 对真值的影响	测量系统 C_1 对测的值的影响 X_S	未知影响因素 C_2 对测得值的影响量 X_R	测得值所在第 I 类总体 Y_1 的统计特征	测得值所第Ⅱ类总体 Y_2 的统计特征
在(t_0,t_1)内被测对象真值 x_{true} 不变	在(t_0,t_1)内对测得值的影响恒定不变 $X_S=\beta$	该影响的期望满足 $E[X_R]=0$	期望为 $E[Y_1]=x_{true}+\beta$ 方差为 $Var(Y_1)=Var(X_R)$	期望为 $E[Y_2]=x_{true}$ 方差为 $Var(Y_2)=Var(X_S)+Var(X_R)$
测得值误差所在概率区间及对应概率			$((-\beta_{max}-ks(Y_1),\beta_{max}+ks(Y_1))$ 概率大于 $1-\frac{1}{k^2}$	$(-k\cdot\sqrt{Var(Y_2)},k\cdot\sqrt{Var(Y_2)})$ 概率大于 $1-\frac{1}{k^2}$
真值所在包含区间及对应概率			$(y_i-\beta_{max}-ks(Y_1),y_i+\beta_{max}+ks(Y_1))$ 概率大于 $1-\frac{1}{k^2}$，y_i 为任一测得值	$(y_i-k\cdot\sqrt{Var(Y_2)},y_i+k\cdot\sqrt{Var(Y_2)})$ 概率大于 $1-\frac{1}{k^2}$
均值误差所在概率区间及对应概率			$(-\beta_{max}-t_{\alpha/2}(n-1)s(\overline{Y}_1),\beta_{max}+t_{\alpha/2}(n-1)s(\overline{Y}_1))$ 概率大于等于 $1-\alpha$	$(-t_{\alpha/2}(n-1)\cdot\sqrt{Var(\overline{Y}_2)},t_{\alpha/2}(n-1)\cdot\sqrt{Var(\overline{Y}_2)})$ 概率等于 $1-\alpha$
真值所在包含区间及对应概率			$(\bar{y}-\beta_{max}-t_{\alpha/2}(n-1)s(\overline{Y}_1),\bar{y}+\beta_{max}+t_{\alpha/2}(n-1)s(\overline{Y}_1))$ 概率大于等于 $1-\alpha$	$(\bar{y}-t_{\alpha/2}(n-1)\cdot\sqrt{Var(\overline{Y}_2)},\bar{y}+t_{\alpha/2}(n-1)\cdot\sqrt{Var(\overline{Y}_2)})$ 概率等于 $1-\alpha$

2.6.2 条件Ⅲ下的概率分析

我们将满足如下条件的测量称为条件Ⅲ下的测量：

——在给定实验室环境条件 C_0 下，被测量真值对应的条件随机变量 $X|_{C_0}$ 的取值 $X|_{C_0=c_{0,t}}=x_{\text{true}}, t\in(t_0,t_1)$；

——$X_S|_{C_0=c_{0,t},C_1=c_{1,t}}$ 为在 t 时刻，实验室条件为 $c_{0,t}$ 时，测量系统 $c_{1,t}$ 对测得值 $Y|_{C_0=c_{0,t},C_1=c_{1,t}}$ 的影响，且不恒定，则 $t\in(t_0,t_1)$ 时，有

$$X_S|_{C_0=c_{0,t},C_1=c_{1,t}}=E_{C_2}[Y|_{C_0=c_{0,t},C_1=c_{1,t},C_2}]-X|_{C_0=c_{0,t}} \tag{2-50}$$

$$E_{C_1}[X_S|_{C_0,C_1}]=0 \tag{2-51}$$

——$X_R|_{C_0=c_{0,t},C_1=c_{1,t},C_2=c_{2,t}}$ 为在 t 时刻，实验室条件为 $c_{0,t}$ 时，测量系统为 $c_{1,t}$ 时，未知影响因素 $c_{2,t}$ 对测得值 $Y|_{C_0=c_{0,t},C_1=c_{1,t},C_2=c_{2,t}}$ 的影响，且

①$X_R|_{C_0=c_{0,t},C_1=c_{1,t},C_2=c_{2,t}}=Y|_{C_0=c_{0,t},C_1=c_{1,t},C_2=c_{2,t}}-E_{C_2}[Y|_{C_0=c_{0,t},C_1=c_{1,t},C_2}]$；

②$E_{C_2}[X_R|_{C_0=c_{0,t},C_1=c_{1,t},C_2}]=0$；

③随机变量 $X|_{C_0}, X_S|_{C_0,C_1}, X_R|_{C_0,C_1,C_2}$ 相互独立。

基于以上条件，依据式(2-6)，任一测得值为

$$Y|_{C_0=c_{0,t},C_1=c_{1,t},C_2=c_{2,t}}=x_{\text{true}}+X_S|_{C_0=c_{0,t},C_1=c_{1,t}}+X_R|_{C_0=c_{0,t},C_1=c_{1,t},C_2=c_{2,t}} \tag{2-52}$$

基于第Ⅱ类总体，式(2-52)对应随机变量为

$$Y|_{C_0,C_1,C_2}=x_{\text{true}}+X_S|_{C_0,C_1}+X_R|_{C_0,C_1,C_2} \tag{2-53}$$

其期望为

$$E_{C_0,C_1,C_2}[Y|_{C_0,C_1,C_2}]=x_{\text{true}}+E_{C_0,C_1,C_2}[X_S|_{C_0,C_1}]+E_{C_0,C_1,C_2}[X_R|_{C_0,C_1,C_2}]$$

由于 $E_{C_2}[X_R|_{C_0=c_{0,t},C_1=c_{1,t},C_2}]=0$，所以 $E_{C_0,C_1,C_2}[X_R|_{C_0,C_1,C_2}]=0$。

依据式(2-51)可知 $E_{C_0,C_1,C_2}[X_S|_{C_0,C_1}]=0$，所以式(2-53)简化为

$$E_{C_0,C_1,C_2}[Y|_{C_0,C_1,C_2}]=x_{\text{true}} \tag{2-54}$$

(1)单次测得值误差概率区间及由单次测得值给出的真值的包

含区间

根据条件方差公式(1-11),式(2-53)对应的方差可表示为

$$\mathrm{Var}_{C_0,C_1,C_2}(Y|_{C_0,C_1,C_2}) = E_{C_0,C_1}[\mathrm{Var}_{C_2}((Y|_{C_0,C_1,C_2})|_{C_0,C_1})] + \mathrm{Var}_{C_0,C_1}(E_{C_2}[(Y|_{C_0,C_1,C_2})|_{C_0,C_1}]) \tag{2-55}$$

将式(2-53)对应的随机变量代入式(2-55)有

$$\mathrm{Var}_{C_0,C_1,C_2}(Y|_{C_0,C_1,C_2}) = E_{C_0,C_1}[\mathrm{Var}_{C_2}((X_R|_{C_0,C_1,C_2})|_{C_0,C_1})] + \mathrm{Var}_{C_0,C_1}((X_S|_{C_0,C_1})|_{C_0,C_1}) \tag{2-56}$$

式(2-52)测得值的样本方差为

$$\begin{aligned}
s^2(y) &= \frac{1}{n-1}\sum_{i=1}^{n}\left(Y|_{C_0=c_{0,i},C_1=c_{1,i},C_2=c_{2,i}} - \frac{1}{n}\sum_{i=1}^{n} Y|_{C_0=c_{0,i},C_1=c_{1,i},C_2=c_{2,i}}\right)^2 \\
&= \frac{1}{n-1}\sum_{i=1}^{n}\left[x_{\text{true}} + X_S|_{C_0=c_{0,i},C_1=c_{1,i}} + X_R|_{C_0=c_{0,i},C_1=c_{1,i},C_2=c_{2,i}} - \right. \\
&\quad \left.\frac{1}{n}\sum_{i=1}^{n}(x_{\text{true}} + X_S|_{C_0=c_{0,i},C_1=c_{1,i}} + X_R|_{C_0=c_{0,i},C_1=c_{1,i},C_2=c_{2,i}})\right]^2 \\
&= \frac{1}{n-1}\sum_{i=1}^{n}\left(X_S|_{C_0=c_{0,i},C_1=c_{1,i}} - \frac{1}{n}\sum_{i=1}^{n} X_S|_{C_0=c_{0,i},C_1=c_{1,i}} + \right. \\
&\quad \left. X_R|_{C_0=c_{0,i},C_1=c_{1,i},C_2=c_{2,i}} - \frac{1}{n}\sum_{i=1}^{n} X_R|_{C_0=c_{0,i},C_1=c_{1,i},C_2=c_{2,i}}\right)^2 \\
&= \frac{1}{n-1}\sum_{i=1}^{n}\left(X_S|_{C_0=c_{0,i},C_1=c_{1,i}} - \frac{1}{n}\sum_{i=1}^{n} X_S|_{C_0=c_{0,i},C_1=c_{1,i}}\right)^2 + \\
&\quad \frac{1}{n-1}\sum_{i=1}^{n}\left(X_R|_{C_0=c_{0,i},C_1=c_{1,i},C_2=c_{2,i}} - \frac{1}{n}\sum_{i=1}^{n} X_R|_{C_0=c_{0,i},C_1=c_{1,i},C_2=c_{2,i}}\right)^2 + \\
&\quad \frac{2}{n-1}\sum_{i=1}^{n}\left(X_S|_{C_0=c_{0,i},C_1=c_{1,i}} - \frac{1}{n}\sum_{i=1}^{n} X_S|_{C_0=c_{0,i},C_1=c_{1,i}}\right) \\
&\quad \left(X_R|_{C_0=c_{0,i},C_1=c_{1,i},C_2=c_{2,i}} - \frac{1}{n}\sum_{i=1}^{n} X_R|_{C_0=c_{0,i},C_1=c_{1,i},C_2=c_{2,i}}\right) \\
&= \frac{1}{n-1}\sum_{i=1}^{n}\left(X_S|_{C_0=c_{0,i},C_1=c_{1,i}} - \frac{1}{n}\sum_{i=1}^{n} X_S|_{C_0=c_{0,i},C_1=c_{1,i}}\right)^2 + \\
&\quad \frac{1}{n-1}\sum_{i=1}^{n}\left(X_R|_{C_0=c_{0,i},C_1=c_{1,i},C_2=c_{2,i}} - \frac{1}{n}\sum_{i=1}^{n} X_R|_{C_0=c_{0,i},C_1=c_{1,i},C_2=c_{2,i}}\right)^2 +
\end{aligned}$$

$$\frac{2}{n-1}\sum_{i=1}^{n}\left(X_R\big|_{C_0=c_{0,i},C_1=c_{1,i},C_2=c_{2,i}}-\frac{1}{n}\sum_{i=1}^{n}X_R\big|_{C_0=c_{0,i},C_1=c_{1,i},C_2=c_{2,i}}\right)X_S\big|_{C_0=c_{0,i},C_1=c_{1,i}} \tag{2-57}$$

显然，式(2－57)中$\frac{1}{n-1}\sum_{i=1}^{n}\left(X_S\big|_{C_0=c_{0,i},C_1=c_{1,i}}-\frac{1}{n}\sum_{i=1}^{n}X_S\big|_{C_0=c_{0,i},C_1=c_{1,i}}\right)^2$是$\mathrm{Var}_{C_0,C_1}((X_S|_{C_0,C_1})|_{C_0,C_1})$的估计；$\frac{1}{n-1}\sum_{i=1}^{n}\left(X_R\big|_{C_0=c_{0,i},C_1=c_{1,i},C_2=c_{2,i}}-\frac{1}{n}\sum_{i=1}^{n}X_R\big|_{C_0=c_{0,i},C_1=c_{1,i},C_2=c_{2,i}}\right)^2$是$E_{C_0,C_1}[\mathrm{Var}_{C_2}((X_R|_{C_0,C_1,C_2})|_{C_0,C_1})]$的估计。且由于$X_S|_{C_0,C_1}$和$X_R|_{C_0,C_1,C_2}$相互独立，一般近似有$\frac{2}{n-1}\sum_{i=1}^{n}\left(X_R\big|_{C_0=c_{0,i},C_1=c_{1,i},C_2=c_{2,i}}-\frac{1}{n}\sum_{i=1}^{n}X_R\big|_{C_0=c_{0,i},C_1=c_{1,i},C_2=c_{2,i}}\right)X_S\big|_{C_0=c_{0,i},C_1=c_{1,i}}\approx 0$所以$s^2(y)$可以看作$E_{C_0,C_1}[\mathrm{Var}_{C_2}((X_R|_{C_0,C_1,C_2})|_{C_0,C_1})]+\mathrm{Var}_{C_0,C_1}((X_S|_{C_0,C_1})|_{C_0,C_1})$的估计，也即可以看作$\mathrm{Var}_{C_0,C_1,C_2}(Y|_{C_0,C_1,C_2})$的估计。

根据Chebyshev不等式，对于实数$k>0$，有

$$P\{|Y|_{C_0=c_{0,i},C_1=c_{1,i},C_2=c_{2,i}}-x_{\mathrm{true}}|\geqslant k\cdot s(y)\}\leqslant\frac{1}{k^2} \tag{2-58}$$

式(2－58)展开后有

$$P\{-k\cdot s(y)\leqslant Y|_{C_0=c_{0,i},C_1=c_{1,i},C_2=c_{2,i}}-x_{\mathrm{true}}\leqslant k\cdot s(y)\}>1-\frac{1}{k^2} \tag{2-59}$$

也就说在条件Ⅲ下：

①误差$Y|_{C_0=c_{0,i},C_1=c_{1,i},C_2=c_{2,i}}-x_{\mathrm{true}}$在区间$(-k\cdot s(y),k\cdot s(y))$的概率大于$1-\frac{1}{k^2}$；

②真值在区间的$(Y|_{C_0=c_{0,i},C_1=c_{1,i},C_2=c_{2,i}}-k\cdot s(y),Y|_{C_0=c_{0,i},C_1=c_{1,i},C_2=c_{2,i}}+k\cdot s(y))$概率大于$1-\frac{1}{k^2}$。

同样,尽管计量人员能够假设 $X_R\mid_{C_0,C_1,C_2}$ 服从期望为0的正态分布,但是由于 $X_S\mid_{C_0,C_1}$ 的分布可能随计量人员经验的不同而不同,从而容易导致测得值对应的第Ⅱ类总体的统计特征并不相同。

条件Ⅰ与条件Ⅲ的区别在于 $X_S\mid_{C_0,C_1}$ 的给定件不同。条件Ⅰ中的测得值尽管包含 $X_S\mid_{C_0,C_1}$ 的影响,但无法用统计手段进行计算,只能依据经验估计;而条件Ⅲ中的测得值不但包含了 $X_S\mid_{C_0,C_1}$ 的影响,并且能够使用统计手段进行计算。

(2)测得值均值误差概率区间及由测得值均值给出的真值的包含区间

基于条件Ⅲ,依据式(2-52),测得值均值为

$$\frac{1}{n}\sum_{i=1}^{n} Y\mid_{C_0=c_{0,i},C_1=c_{1,i},C_2=c_{2,i}} = x_{\text{true}} + \frac{1}{n}\sum_{i=1}^{n} X_S\mid_{C_0=c_{0,i},C_1=c_{1,i}} + \frac{1}{n}\sum_{i=1}^{n} X_R\mid_{C_0=c_{0,i},C_1=c_{1,i},C_2=c_{2,i}} \tag{2-60}$$

则对应的随机变量公式表示为

$$\overline{Y}\mid_{C_0,C_1,C_2} = x_{\text{true}} + \overline{X}_S\mid_{C_0,C_1} + \overline{X}_R\mid_{C_0,C_1,C_2} \tag{2-61}$$

测得值 $y_1,y_2,\cdots,y_n$ 的均值对应的随机变量 $\overline{Y}\mid_{C_0,C_1,C_2}$ 的方差可表示为

$$\mathrm{Var}_{C_0,C_1,C_2}(\overline{Y}\mid_{C_0,C_1,C_2}) = E_{C_0,C_1}[\mathrm{Var}_{C_2}((\overline{Y}\mid_{C_0,C_1,C_2})\mid_{C_0,C_1})] + \mathrm{Var}_{C_0,C_1}(E_{C_2}[(\overline{Y}\mid_{C_0,C_1,C_2})\mid_{C_0,C_1}]) \tag{2-62}$$

将式(2-61)代入式(2-62),则有

$$\mathrm{Var}_{C_0,C_1,C_2}(\overline{Y}\mid_{C_0,C_1,C_2}) = E_{C_0,C_1}[\mathrm{Var}_{C_2}((\overline{X}_R\mid_{C_0,C_1,C_2})\mid_{C_0,C_1})] + \mathrm{Var}_{C_0,C_1}((\overline{X}_S\mid_{C_0,C_1})\mid_{C_0,C_1}) \tag{2-63}$$

测得值 $y_1,y_2,\cdots,y_n$ 均值 $\bar{y}$ 的方差为

$$s^2(\bar{y}) = \frac{1}{n}s^2(y)$$

$$= \frac{1}{n(n-1)}\sum_{i=1}^{n}\left(X_S\mid_{C_0=c_{0,i},C_1=c_{1,i}} - \frac{1}{n}\sum_{i=1}^{n} X_S\mid_{C_0=c_{0,i},C_1=c_{1,i}}\right)^2 +$$

$$\frac{1}{n(n-1)}\sum_{i=1}^{n}\left(X_R\mid_{C_0=c_{0,i},C_1=c_{1,i},C_2=c_{2,i}}-\frac{1}{n}\sum_{i=1}^{n}X_R\mid_{C_0=c_{0,i},C_1=c_{1,i},C_2=c_{2,i}}\right)^2+$$
$$\frac{2}{n(n-1)}\sum_{i=1}^{n}\left(X_R\mid_{C_0=c_{0,i},C_1=c_{1,i},C_2=c_{2,i}}-\frac{1}{n}\sum_{i=1}^{n}X_R\mid_{C_0=c_{0,i},C_1=c_{1,i},C_2=c_{2,i}}\right)$$
$$X_S\mid_{C_0=c_{0,i},C_1=c_{1,i}} \tag{2-64}$$

显然,式(2-64)中$\frac{1}{n(n-1)}\sum_{i=1}^{n}(X_S\mid_{C_0=c_{0,i},C_1=c_{1,i}}-\frac{1}{n}\sum_{i=1}^{n}X_S\mid_{C_0=c_{0,i},C_1=c_{1,i}})^2$是$\mathrm{Var}_{C_0,C_1}((\overline{X}_S\mid_{C_0,C_1})\mid_{C_0,C_1})$的估计;$\frac{1}{n(n-1)}\sum_{i=1}^{n}\left(X_R\mid_{C_0=c_{0,i},C_1=c_{1,i},C_2=c_{2,i}}-\frac{1}{n}\sum_{i=1}^{n}X_R\mid_{C_0=c_{0,i},C_1=c_{1,i},C_2=c_{2,i}}\right)^2$是$E_{C_0,C_1}[\mathrm{Var}_{C_2}((\overline{X}_R\mid_{C_0,C_1,C_2})\mid_{C_0,C_1})]$的估计。且由于$X_S\mid_{C_0,C_1}$和$X_R\mid_{C_0,C_1,C_2}$相互独立,一般近似有$\frac{2}{n(n-1)}\sum_{i=1}^{n}\left(X_R\mid_{C_0=c_{0,i},C_1=c_{1,i},C_2=c_{2,i}}-\frac{1}{n}\sum_{i=1}^{n}X_R\mid_{C_0=c_{0,i},C_1=c_{1,i},C_2=c_{2,i}}\right)X_S\mid_{C_0=c_{0,i},C_1=c_{1,i}}\approx 0$所以$s^2(\overline{Y})$可以看作$E_{C_0,C_1}[\mathrm{Var}_{C_2}((\overline{X}_R\mid_{C_0,C_1,C_2})\mid_{C_0,C_1})]+\mathrm{Var}_{C_0,C_1}((\overline{X}_S\mid_{C_0,C_1})\mid_{C_0,C_1})$的估计,也即可以看作$\mathrm{Var}_{C_0,C_1,C_2}(\overline{Y}\mid_{C_0,C_1,C_2})$的估计。

根据定理4,已知随机变量$\frac{\overline{Y}\mid_{C_0,C_1,C_2}-x_{\text{true}}}{s(\overline{Y})}$服从$t(n-1)$分布,则

$$P\left\{-t_{\alpha/2}(n-1)<\frac{\overline{Y}\mid_{C_0,C_1,C_2}-x_{\text{true}}}{s(\overline{Y})}<t_{\alpha/2}(n-1)\right\}=1-\alpha \tag{2-65}$$

因此:

①测得值$y_1,y_2,\cdots,y_n$的均值$\bar{y}$的测量误差在区间$(-t_{\alpha/2}(n-1)\cdot s(\bar{y}),t_{\alpha/2}(n-1)\cdot s(\bar{y}))$的概率等于$1-\alpha$;

②真值在区间$(\bar{y}-t_{\alpha/2}(n-1)\cdot s(\bar{y}),\bar{y}+t_{\alpha/2}(n-1)\cdot s(\bar{y}))$的概率等于$1-\alpha$。

2.6.3 条件 V 下的概率分析

我们将满足如下条件的测量称为条件 V 下的测量：

——在给定实验室环境条件 C_0 下，被测量真值对应的条件随机变量 $X|_{C_0}$ 的取值不是常数，但满足 $E_{C_0}[X|_{C_0}]=x_{\text{true}}$。

——$X_S|_{C_0=c_{0,t},C_1=c_{1,t}}$ 为在 t 时刻，实验室条件为 $c_{0,t}$ 时，测量系统 $c_{1,t}$ 对测得值 $Y|_{C_0=c_{0,t},C_1=c_{1,t}}$ 的影响，且若 β 为一常数，则 $t\in(t_0,t_1)$ 时，有

$$X_S|_{C_0=c_{0,t},C_1=c_{1,t}}=E_{C_2}[Y|_{C_0=c_{0,t},C_1=c_{1,t},C_2}]-X|_{C_0=c_{0,t}}=\beta \quad (2-66)$$

——$X_R|_{C_0=c_{0,t},C_1=c_{1,t},C_2=c_{2,t}}$ 为在 t 时刻，实验室条件为 $c_{0,t}$ 时，测量系统为 $c_{1,t}$ 时，未知影响因素 $c_{2,t}$ 对测得值 $Y|_{C_0=c_{0,t},C_1=c_{1,t},C_2=c_{2,t}}$ 的影响，且

①$X_R|_{C_0=c_{0,t},C_1=c_{1,t},C_2=c_{2,t}}=Y|_{C_0=c_{0,t},C_1=c_{1,t},C_2=c_{2,t}}-E_{C_2}[Y|_{C_0=c_{0,t},C_1=c_{1,t},C_2}]$；

②$E_{C_2}[X_R|_{C_0=c_{0,t},C_1=c_{1,t},C_2}]=0$；

③随机变量 $X|_{C_0}$，$X_S|_{C_0,C_1}$，$X_R|_{C_0,C_1,C_2}$ 相互独立。

基于以上条件，依据式(2-6)，任一测得值为

$$Y|_{C_0=c_{0,t},C_1=c_{1,t},C_2=c_{2,t}}=X|_{C_0=c_{0,t}}+\beta+X_R|_{C_0=c_{0,t},C_1=c_{1,t},C_2=c_{2,t}} \quad (2-67)$$

基于第Ⅱ类总体，式(2-67)对应随机变量为

$$Y|_{C_0,C_1,C_2}=X|_{C_0}+X_S|_{C_0,C_1}+X_R|_{C_0,C_1,C_2} \quad (2-68)$$

其期望为

$$E_{C_0,C_1,C_2}[Y|_{C_0,C_1,C_2}]=x_{\text{true}}$$

(1)单次测得值所给概率区间及由单次测得值给出的与真值期望相关的包含区间

根据条件方差公式(1-11)，式(2-68)方差可表示为

$$\mathrm{Var}_{C_0,C_1,C_2}(Y|_{C_0,C_1,C_2})=E_{C_0,C_1}[\mathrm{Var}_{C_2}((Y|_{C_0,C_1,C_2})|_{C_0,C_1})]+\mathrm{Var}_{C_0,C_1}(E_{C_2}[(Y|_{C_0,C_1,C_2})|_{C_0,C_1}]) \quad (2-69)$$

将式(2-68)代入式(2-69)，并考虑条件 V 有

$$
\begin{aligned}
&\mathrm{Var}_{C_0,C_1,C_2}(Y|_{C_0,C_1,C_2})\\
&=E_{C_0,C_1}[\mathrm{Var}_{C_2}((X_R|_{C_0,C_1,C_2})|_{C_0,C_1})]+\\
&\quad\mathrm{Var}_{C_0,C_1}(E_{C_2}[(X|_{C_0}+X_S|_{C_0,C_1})|_{C_0,C_1}])\\
&=\mathrm{Var}_{C_2}((X_R|_{C_0,C_1,C_2})|_{C_0,C_1})+\\
&\quad\mathrm{Var}_{C_0,C_1}((X|_{C_0}+X_S|_{C_0,C_1})|_{C_0,C_1})\\
&=\mathrm{Var}_{C_2}((X_R|_{C_0,C_1,C_2})|_{C_0,C_1})+\\
&\quad\mathrm{Var}_{C_0}((X|_{C_0})|_{C_0})+\mathrm{Var}_{C_0,C_1}((X_S|_{C_0,C_1})|_{C_0,C_1})
\end{aligned}
$$

式(2－67)测得值的样本方差为

$$
\begin{aligned}
s^2(y)=&\frac{1}{n-1}\sum_{i=1}^{n}\left(X|_{C_0=c_{0,i}}-\frac{1}{n}\sum_{i=1}^{n}X|_{C_0=c_{0,i}}\right)^2+\\
&\frac{1}{n-1}\sum_{i=1}^{n}\left(X_R|_{C_0=c_{0,i},C_1=c_{1,i},C_2=c_{2,i}}-\frac{1}{n}\sum_{i=1}^{n}X_R|_{C_0=c_{0,i},C_1=c_{1,i},C_2=c_{2,i}}\right)^2+\\
&\frac{2}{n-1}\sum_{i=1}^{n}\left(X_R|_{C_0=c_{0,i},C_1=c_{1,i},C_2=c_{2,i}}-\frac{1}{n}\sum_{i=1}^{n}X_R|_{C_0=c_{0,i},C_1=c_{1,i},C_2=c_{2,i}}\right)\\
&X|_{C_0=c_{0,i}}
\end{aligned}
$$

显然$\frac{1}{n-1}\sum_{i=1}^{n}\left(X|_{C_0=c_{0,i}}-\frac{1}{n}\sum_{i=1}^{n}X|_{C_0=c_{0,i}}\right)^2$是$\mathrm{Var}_{C_0}((X|_{C_0})|_{C_0})$的估计，$\frac{1}{n-1}\sum_{i=1}^{n}\left(X_R|_{C_0=c_{0,i},C_1=c_{1,i},C_2=c_{2,i}}-\frac{1}{n}\sum_{i=1}^{n}X_R|_{C_0=c_{0,i},C_1=c_{1,i},C_2=c_{2,i}}\right)^2$是$\mathrm{Var}_{C_2}((X_R|_{C_0,C_1,C_2})|_{C_0,C_1})$的估计，且由于$X|_{C_0}$和$X_R|_{C_0,C_1,C_2}$相互独立，所以$s^2(y)$可以看作$\mathrm{Var}_{C_2}((X_R|_{C_0,C_1,C_2})|_{C_0,C_1})+\mathrm{Var}_{C_0}((X|_{C_0})|_{C_0})$的估计；$\mathrm{Var}_{C_0,C_1}((X_S|_{C_0,C_1})|_{C_0,C_1})$的含义为$\beta$所在总体的方差，这一方差一般由计量人员依据经验给出。因此就能够给出$\mathrm{Var}_{C_0,C_1,C_2}(Y|_{C_0,C_1,C_2})$的估计值。

根据Chebyshev不等式，对于实数$k>0$，有

$$
P\{|Y|_{C_0=c_{0,i},C_1=c_{1,i},C_2=c_{2,i}}-x_{\text{true}}|\geqslant k\cdot\sqrt{\mathrm{Var}_{C_0,C_1,C_2}(Y|_{C_0,C_1,C_2})}\}\leqslant\frac{1}{k^2}\tag{2-70}
$$

式(2－70)展开后有

$$P\{-k\cdot\sqrt{\mathrm{Var}_{C_0,C_1,C_2}(Y|_{C_0,C_1,C_2})}\leqslant Y|_{C_0=c_{0,i},C_1=c_{1,i},C_2=c_{2,i}}-x_{\mathrm{true}}\leqslant k\cdot\sqrt{\mathrm{Var}_{C_0,C_1,C_2}(Y|_{C_0,C_1,C_2})}\}>1-\frac{1}{k^2}$$

也就说在条件Ⅴ下：

①单次测得值与真值期望的差 $Y|_{C_0=c_{0,i},C_1=c_{1,i},C_2=c_{2,i}}-x_{\mathrm{true}}$ 在区间 $\left(-k\cdot\sqrt{\mathrm{Var}_{C_0,C_1,C_2}(Y|_{C_0,C_1,C_2})},k\cdot\sqrt{\mathrm{Var}_{C_0,C_1,C_2}(Y|_{C_0,C_1,C_2})}\right)$ 的概率大于 $1-\frac{1}{k^2}$；

②真值期望在区间的 $\left(Y|_{C_0=c_{0,i},C_1=c_{1,i},C_2=c_{2,i}}-k\cdot\sqrt{\mathrm{Var}_{C_0,C_1,C_2}(Y|_{C_0,C_1,C_2})},\ Y|_{C_0=c_{0,i},C_1=c_{1,i},C_2=c_{2,i}}+k\cdot\sqrt{\mathrm{Var}_{C_0,C_1,C_2}(Y|_{C_0,C_1,C_2})}\right)$ 的概率大于 $1-\frac{1}{k^2}$。

条件Ⅴ与条件Ⅰ的区别在于 $X|_{C_0}$ 的给定件不同。条件Ⅰ中的测得值尽管包含 $X|_{C_0}$ 的恒定影响，但无法用统计手段进行计算；而条件Ⅴ中的测得值不但包含了 $X|_{C_0}$ 的影响，并且能够使用统计手段估算部分影响。

条件Ⅴ一般无法给出误差和真值的概率区间。

(2)测得值均值所给出的概率区间及由测得值均值给出的与真值期望相关的包含区间

基于条件Ⅴ，依据式(2-67)，测得值均值为

$$\frac{1}{n}\sum_{i=1}^{n}Y|_{C_0=c_{0,i},C_1=c_{1,i},C_2=c_{2,i}}=\frac{1}{n}\sum_{i=1}^{n}X|_{C_0=c_{0,i}}+\beta+\frac{1}{n}\sum_{i=1}^{n}X_R|_{C_0=c_{0,i},C_1=c_{1,i},C_2=c_{2,i}} \tag{2-71}$$

则对应的随机变量公式表示为

$$\overline{Y}|_{C_0,C_1,C_2}=\overline{X}|_{C_0}+X_S|_{C_0,C_1}+\overline{X}_R|_{C_0,C_1,C_2} \tag{2-72}$$

测得值 $y_1,y_2,\cdots,y_n$ 的均值对应的随机变量 $\overline{Y}|_{C_0,C_1,C_2}$ 的方差可表示为

$$\mathrm{Var}_{C_0,C_1,C_2}(\overline{Y}|_{C_0,C_1,C_2})=E_{C_0,C_1}[\mathrm{Var}_{C_2}((\overline{Y}|_{C_0,C_1,C_2})|_{C_0,C_1})]+\mathrm{Var}_{C_0,C_1}(E_{C_2}[(\overline{Y}|_{C_0,C_1,C_2})|_{C_0,C_1}]) \tag{2-73}$$

将式(2－72)代入(2－73)，则有

$$\mathrm{Var}_{C_0,C_1,C_2}(\overline{Y}|_{C_0,C_1,C_2}) = \mathrm{Var}_{C_2}((\overline{X}_R|_{C_0,C_1,C_2})|_{C_0,C_1}) + \mathrm{Var}_{C_0}((\overline{X}|_{C_0})|_{C_0}) + \mathrm{Var}_{C_0,C_1}((X_S|_{C_0,C_1})|_{C_0,C_1})$$

测得值 $y_1, y_2, \cdots, y_n$ 均值 $\bar{y}$ 的方差为

$$s^2(\overline{Y}) = \frac{1}{n}s^2(y)$$

$$= \frac{1}{n(n-1)}\sum_{i=1}^{n}\left(X\Big|_{C_0=c_{0,i}} - \frac{1}{n}\sum_{i=1}^{n}X|_{C_0=c_{0,i}}\right)^2 + \frac{1}{n(n-1)}\sum_{i=1}^{n}\left(X_R|_{C_0=c_{0,i},C_1=c_{1,i},C_2=c_{2,i}} - \frac{1}{n}\sum_{i=1}^{n}X_R|_{C_0=c_{0,i},C_1=c_{1,i},C_2=c_{2,i}}\right)^2 + \frac{2}{n(n-1)}\sum_{i=1}^{n}\left(X_R|_{C_0=c_{0,i},C_1=c_{1,i},C_2=c_{2,i}} - \frac{1}{n}\sum_{i=1}^{n}X_R|_{C_0=c_{0,i},C_1=c_{1,i},C_2=c_{2,i}}\right)X|_{C_0=c_{0,i}}$$

式中，$\frac{1}{n(n-1)}\sum_{i=1}^{n}\left(X\Big|C_0=c_{0,i} - \frac{1}{n}\sum_{i=1}^{n}X|_{C_0=c_{0,i}}\right)^2$ 是 $\mathrm{Var}_{C_0}((\overline{X}|_{C_0})|_{C_0})$ 的估计；$\frac{1}{n(n-1)}\sum_{i=1}^{n}\left(X_R|_{C_0=c_{0,i},C_1=c_{1,i},C_2=c_{2,i}} - \frac{1}{n}\sum_{i=1}^{n}X_R|_{C_0=c_{0,i},C_1=c_{1,i},C_2=c_{2,i}}\right)^2$ 是 $\mathrm{Var}_{C_2}((\overline{X}_R|_{C_0,C_1,C_2})|_{C_0,C_1})$ 的估计。且考虑到 $X|_{C_0}$，$X_R|_{C_0,C_1,C_2}$ 相互独立，因此 $\frac{2}{n(n-1)}\sum_{i=1}^{n}\left(X_R|_{C_0=c_{0,i},C_1=c_{1,i},C_2=c_{2,i}} - \frac{1}{n}\sum_{i=1}^{n}X_R|_{C_0=c_{0,i},C_1=c_{1,i},C_2=c_{2,i}}\right)X|_{C_0=c_{0,i}} \approx 0$。

所以，$s^2(\overline{Y})$ 可以看作 $\mathrm{Var}_{C_2}((\overline{X}_R|_{C_0,C_1,C_2})|_{C_0,C_1}) + \mathrm{Var}_{C_0}((\overline{X})|_{C_0})|_{C_0})$ 的估计。由于一般计量人员能够给出 $\mathrm{Var}_{C_0,C_1}((X_S|_{C_0,C_1})|_{C_0,C_1})$ 的估计，从而计量人员能够给出 $\mathrm{Var}_{C_0,C_1,C_2}(\overline{Y}|_{C_0,C_1,C_2})$ 的估计。

根据定理4,已知随机变量$\dfrac{\overline{Y}|_{C_0,C_1,C_2}-x_{\text{true}}}{\sqrt{\text{Var}_{C_0,C_1,C_2}(\overline{Y}|_{C_0,C_1,C_2})}}$服从$t(n-1)$分布,则

$$P\left\{-t_{\alpha/2}(n-1)<\frac{\overline{Y}|_{C_0,C_1,C_2}-x_{\text{true}}}{\sqrt{\text{Var}_{C_0,C_1,C_2}(\overline{Y}|_{C_0,C_1,C_2})}}<t_{\alpha/2}(n-1)\right\}=1-\alpha$$

因此:

①测得值$y_1,y_2,\cdots,y_n$的均值$\overline{Y}$与真值期望的差在区间$\left(-t_{\alpha/2}(n-1)\cdot\sqrt{\text{Var}_{C_0,C_1,C_2}(\overline{Y}|_{C_0,C_1,C_2})},t_{\alpha/2}(n-1)\cdot\sqrt{\text{Var}_{C_0,C_1,C_2}(\overline{Y}|_{C_0,C_1,C_2})}\right)$的概率等于$1-\alpha$;

②真值期望在区间$\left(\overline{y}-t_{\alpha/2}(n-1)\cdot\sqrt{\text{Var}_{C_0,C_1,C_2}(\overline{Y}|_{C_0,C_1,C_2})},\overline{y}+t_{\alpha/2}(n-1)\cdot\sqrt{\text{Var}_{C_0,C_1,C_2}(\overline{Y}|_{C_0,C_1,C_2})}\right)$的概率等于$1-\alpha$。

2.6.4 条件Ⅶ下的概率分析

满足如下条件的测量称为条件Ⅶ下的测量:

——在给定实验室环境条件C_0下,被测量真值对应的条件随机变量$X|_{C_0}$的取值不是常数,但满足$E[X|_{C_0}]=x_{\text{true}}$。

——$X_S|_{C_0=c_{0,t},C_1=c_{1,t}}$为在$t$时刻,实验室条件为$c_{0,t}$时,测量系统$c_{1,t}$对测得值$Y|_{C_0=c_{0,t},C_1=c_{1,t}}$的影响不恒定,则$t\in(t_0,t_1)$时,有

$$X_S|_{C_0=c_{0,t},C_1=c_{1,t}}=E_{C_2}[Y|_{C_0=c_{0,t},C_1=c_{1,t},C_2}]-X|_{C_0=c_{0,t}} \quad (2-74)$$

$$E_{C_1}[X_S|_{C_0,C_1}]=0 \quad (2-75)$$

——$X_R|_{C_0=c_{0,t},C_1=c_{1,t},C_2=c_{2,t}}$为在$t$时刻,实验室条件为$c_{0,t}$时,测量系统为$c_{1,t}$时,未知影响因素$c_{2,t}$对测得值$Y|_{C_0=c_{0,t},C_1=c_{1,t},C_2=c_{2,t}}$的影响,且

①$X_R|_{C_0=c_{0,t},C_1=c_{1,t},C_2=c_{2,t}}=Y|_{C_0=c_{0,t},C_1=c_{1,t},C_2=c_{2,t}}-E_{C_2}[Y|_{C_0=c_{0,t},C_1=c_{1,t},C_2}]$;

②$E_{C_2}[X_R|_{C_0=c_{0,t},C_1=c_{1,t},C_2}]=0$;

③随机变量 $X|_{C_0}, X_S|_{C_0,C_1}, X_R|_{C_0,C_1,C_2}$ 相互独立。

基于以上条件，依据式(2－6)，任一测得值有

$$Y|_{C_0=c_{0,t},C_1=c_{1,t},C_2=c_{2,t}} = X|_{C_0=c_{0,t}} + X_S|_{C_0=c_{0,t},C_1=c_{1,t}} + X_R|_{C_0=c_{0,t},C_1=c_{1,t},C_2=c_{2,t}} \quad (2-76)$$

将测得值看作第Ⅱ类总体的样本时，式(2－76)对应随机变量的表达式为

$$Y|_{C_0,C_1,C_2} = X|_{C_0} + X_S|_{C_0,C_1} + X_R|_{C_0,C_1,C_2} \quad (2-77)$$

对应的期望为

$$E_{C_0,C_1,C_2}[Y|_{C_0,C_1,C_2}] = x_{\text{true}}$$

(1)单次测得值所给出的概率区间及由单次测得值给出的与真值相关的包含区间

根据条件方差公式(1－11)，式(2－77)的方差可表示为

$$\mathrm{Var}_{C_0,C_1,C_2}(Y|_{C_0,C_1,C_2}) = E_{C_0,C_1}[\mathrm{Var}_{C_2}((Y|_{C_0,C_1,C_2})|_{C_0,C_1})] + \mathrm{Var}_{C_0,C_1}(E_{C_2}[(Y|_{C_0,C_1,C_2})|_{C_0,C_1}]) \quad (2-78)$$

将式(2－48)代入式(2－78)，并考虑条件Ⅴ有

$$\begin{aligned}\mathrm{Var}_{C_0,C_1,C_2}(Y|_{C_0,C_1,C_2}) &= E_{C_0,C_1}[\mathrm{Var}_{C_2}((X_R|_{C_0,C_1,C_2})|_{C_0,C_1})] + \\ &\quad \mathrm{Var}_{C_0,C_1}(E_{C_2}[(X|_{C_0} + X_S|_{C_0,C_1})|_{C_0,C_1}]) \\ &= \mathrm{Var}_{C_2}((X_R|_{C_0,C_1,C_2})|_{C_0,C_1}) + \mathrm{Var}_{C_0,C_1}((X|_{C_0} + X_S|_{C_0,C_1})|_{C_0,C_1}) \\ &= \mathrm{Var}_{C_2}((X_R|_{C_0,C_1,C_2})|_{C_0,C_1}) + \mathrm{Var}_{C_0}((X|_{C_0})|_{C_0}) + \\ &\quad \mathrm{Var}_{C_0,C_1}((X_S|_{C_0,C_1})|_{C_0,C_1})\end{aligned}$$

式(2－76)测得值的样本方差为

$$\begin{aligned}s^2(y) &= \frac{1}{n-1}\sum_{i=1}^{n}\left(X\Big|_{C_0=c_{0,i}} - \frac{1}{n}\sum_{i=1}^{n} X|_{C_0=c_{0,i}}\right)^2 + \\ &\quad \frac{1}{n-1}\sum_{i=1}^{n}(X_S|_{C_0=c_{0,i},C_1=c_{1,i}} - \frac{1}{n}\sum_{i=1}^{n} X_S|_{C_0=c_{0,i},C_1=c_{1,i}})^2 + \\ &\quad \frac{1}{n-1}\sum_{i=1}^{n}\left(X_R|_{C_0=c_{0,i},C_1=c_{1,i},C_2=c_{2,i}} - \right. \\ &\quad \left.\frac{1}{n}\sum_{i=1}^{n} X_R|_{C_0=c_{0,i},C_1=c_{1,i},C_2=c_{2,i}}\right)^2 +\end{aligned}$$

$$\frac{2}{n-1}\sum_{i=1}^{n}\left(X_S\mid_{C_0=c_{0,i},C_1=c_{1,i}}-\frac{1}{n}\sum_{i=1}^{n}X_S\mid_{C_0=c_{0,i},C_1=c_{1,i}}\right)X\mid_{C_0=c_{0,i}}+$$

$$\frac{2}{n-1}\sum_{i=1}^{n}\left(X_R\mid_{C_0=c_{0,i},C_1=c_{1,i},C_2=c_{2,i}}-\right.$$

$$\left.\frac{1}{n}\sum_{i=1}^{n}X_R\mid_{C_0=c_{0,i},C_1=c_{1,i},C_2=c_{2,i}}\right)X\mid_{C_0=c_{0,i}}+$$

$$\frac{2}{n-1}\sum_{i=1}^{n}\left(X_R\mid_{C_0=c_{0,i},C_1=c_{1,i},C_2=c_{2,i}}-\right.$$

$$\left.\frac{1}{n}\sum_{i=1}^{n}X_R\mid_{C_0=c_{0,i},C_1=c_{1,i},C_2=c_{2,i}}\right)X_S\mid_{C_0=c_{0,i},C_1=c_{1,i}}$$

显然$\frac{1}{n-1}\sum_{i=1}^{n}\left(X\Big|_{C_0=c_{0,i}}-\frac{1}{n}\sum_{i=1}^{n}X\mid_{C_0=c_{0,i}}\right)^2$是$\mathrm{Var}_{C_0}((X\mid_{C_0})\mid_{C_0})$的估计，$\frac{1}{n-1}\sum_{i=1}^{n}\left(X_S\mid_{C_0=c_{0,i},C_1=c_{1,i}}-\frac{1}{n}\sum_{i=1}^{n}X_S\mid_{C_0=c_{0,i},C_1=c_{1,i}}\right)^2$是$\mathrm{Var}_{C_0,C_1}((X_S\mid_{C_0,C_1})\mid_{C_0,C_1})$的估计，$\frac{1}{n-1}\sum_{i=1}^{n}\left(X_R\mid_{C_0=c_{0,i},C_1=c_{1,i},C_2=c_{2,i}}-\frac{1}{n}\sum_{i=1}^{n}X_R\mid_{C_0=c_{0,i},C_1=c_{1,i},C_2=c_{2,i}}\right)^2$是$\mathrm{Var}_{C_2}((X_R\mid_{C_0,C_1,C_2})\mid_{C_0,C_1})$的估计，且由于$X\mid_{C_0}$，$X_S\mid_{C_0,C_1}$，$X_R\mid_{C_0,C_1,C_2}$相互独立，所以$s^2(y)$可以看作$\mathrm{Var}_{C_0,C_1,C_2}(Y\mid_{C_0,C_1,C_2})$的估计。

根据 Chebyshev 不等式，对于实数$k>0$，有

$$P\{\,|Y\mid_{C_0=c_{0,i},C_1=c_{1,i},C_2=c_{2,i}}-x_{\text{true}}|\geqslant k\cdot s(y)\}\leqslant\frac{1}{k^2}\quad(2-78)$$

式(2－78)展开后有

$$P\{-k\cdot s(y)\leqslant Y\mid_{C_0=c_{0,i},C_1=c_{1,i},C_2=c_{2,i}}-x_{\text{true}}\leqslant k\cdot s(y)\}>1-\frac{1}{k^2}\quad(2-79)$$

也就说，在条件Ⅶ下：

①单次测得值与真值期望的差$Y\mid_{C_0=c_{0,i},C_1=c_{1,i},C_2=c_{2,i}}-x_{\text{true}}$在区间

$(-k \cdot s(y), k \cdot s(y))$的概率大于$1 - \frac{1}{k^2}$；

②真值期望在区间的$(Y|_{C_0=c_{0,i},C_1=c_{1,i},C_2=c_{2,i}} - k \cdot s(y), Y|_{C_0=c_{0,i},C_1=c_{1,i},C_2=c_{2,i}} + k \cdot s(y))$概率大于$1 - \frac{1}{k^2}$。

(2)测得值均值所给出的概率区间及由测得值均值给出的与真值相关的包含区间

基于条件Ⅴ,依据式(2－76),测得值均值为

$$\frac{1}{n}\sum_{i=1}^{n} Y|_{C_0=c_{0,i},C_1=c_{1,i},C_2=c_{2,i}} = \frac{1}{n}\sum_{i=1}^{n} X|_{C_0=c_{0,i}} + \frac{1}{n}\sum_{i=1}^{n} X_S|_{C_0=c_{0,i},C_1=c_{1,i}} + \frac{1}{n}\sum_{i=1}^{n} X_R|_{C_0=c_{0,i},C_1=c_{1,i},C_2=c_{2,i}} \tag{2-80}$$

则对应的随机变量公式表示为

$$\overline{Y}|_{C_0,C_1,C_2} = \overline{X}|_{C_0} + \overline{X}_S|_{C_0,C_1} + \overline{X}_R|_{C_0,C_1,C_2} \tag{2-81}$$

测得值$y_1, y_2, \cdots, y_n$的均值对应的随机变量$\overline{Y}|_{C_0,C_1,C_2}$的方差可表示为

$$\mathrm{Var}_{C_0,C_1,C_2}(\overline{Y}|_{C_0,C_1,C_2}) = E_{C_0,C_1}[\mathrm{Var}_{C_2}((\overline{Y}|_{C_0,C_1,C_2})|_{C_0,C_1})] + \mathrm{Var}_{C_0,C_1}(E_{C_2}[(\overline{Y}|_{C_0,C_1,C_2})|_{C_0,C_1}]) \tag{2-82}$$

将式(2－81)代入(2－82),则有

$$\mathrm{Var}_{C_0,C_1,C_2}(\overline{Y}|_{C_0,C_1,C_2}) = \mathrm{Var}_{C_2}((\overline{X}_R|_{C_0,C_1,C_2})|_{C_0,C_1}) + \mathrm{Var}_{C_0}((\overline{X}|_{C_0})|_{C_0}) + \mathrm{Var}_{C_0,C_1}((\overline{X}_S|_{C_0,C_1})|_{C_0,C_1})$$

测得值$y_1, y_2, \cdots, y_n$均值$\overline{y}$的方差为

$$s^2(\overline{Y}) = \frac{1}{n}s^2(y)$$
$$= \frac{1}{n(n-1)}\sum_{i=1}^{n}\left(X|_{C_0=c_{0,i}} - \frac{1}{n}\sum_{i=1}^{n} X|_{C_0=c_{0,i}}\right)^2 +$$
$$\frac{1}{n(n-1)}\sum_{i=1}^{n}\left(X_S|_{C_0=c_{0,i},C_1=c_{1,i}} - \frac{1}{n}\sum_{i=1}^{n} X_S|_{C_0=c_{0,i},C_1=c_{1,i}}\right)^2 +$$

$$\frac{1}{n(n-1)}\sum_{i=1}^{n}\left(X_R\mid_{C_0=c_{0,i},C_1=c_{1,i},C_2=c_{2,i}}-\right.$$

$$\left.\frac{1}{n}\sum_{i=1}^{n}X_R\mid_{C_0=c_{0,i},C_1=c_{1,i},C_2=c_{2,i}}\right)^2+$$

$$\frac{2}{n(n-1)}\sum_{i=1}^{n}\left(X_S\mid_{C_0=c_{0,i},C_1=c_{1,i}}-\right.$$

$$\left.\frac{1}{n}\sum_{i=1}^{n}X_S\mid_{C_0=c_{0,i},C_1=c_{1,i}}\right)X\mid_{C_0=c_{0,i}}+$$

$$\frac{2}{n(n-1)}\sum_{i=1}^{n}\left(X_R\mid_{C_0=c_{0,i},C_1=c_{1,i},C_2=c_{2,i}}-\right.$$

$$\left.\frac{1}{n}\sum_{i=1}^{n}X_R\mid_{C_0=c_{0,i},C_1=c_{1,i},C_2=c_{2,i}}\right)X\mid_{C_0=c_{0,i}}+$$

$$\frac{2}{n(n-1)}\sum_{i=1}^{n}\left(X_R\mid_{C_0=c_{0,i},C_1=c_{1,i},C_2=c_{2,i}}-\right.$$

$$\left.\frac{1}{n}\sum_{i=1}^{n}X_R\mid_{C_0=c_{0,i},C_1=c_{1,i},C_2=c_{2,i}}\right)X_S\mid_{C_0=c_{0,i},C_1=c_{1,i}}$$

显然，$s^2(\bar{y})$可以看作 $\mathrm{Var}_{C_0,C_1,C_2}(\bar{Y}\mid_{C_0,C_1,C_2})$的估计，根据定理 4，已知随机变量$\dfrac{\bar{Y}\mid_{C_0,C_1,C_2}-x_{\mathrm{true}}}{s(\bar{y})}$服从 $t(n-1)$分布，则

$$P\left\{-t_{\alpha/2}(n-1)<\frac{\bar{Y}\mid_{C_0,C_1,C_2}-x_{\mathrm{true}}}{s(\bar{y})}<t_{\alpha/2}(n-1)\right\}=1-\alpha$$

因此：

①测得值 $y_1,y_2,\cdots,y_n$ 的均值 $\bar{y}$ 与真值期望的差在区间$(-t_{\alpha/2}(n-1)\cdot s(\bar{y}),t_{\alpha/2}(n-1)\cdot s(\bar{y}))$的概率等于 $1-\alpha$；

②真值期望在区间$(\bar{y}-t_{\alpha/2}(n-1)\cdot s(\bar{y}),\bar{y}+t_{\alpha/2}(n-1)\cdot s(\bar{y}))$的概率等于 $1-\alpha$。

2.6.5 标准测量不确定度的概率表达式

定义 1：单次测得值的合成标准测量不确定度的概率表达式为

$$\mathrm{Var}_{C_0,C_1,C_2}(Y|_{C_0,C_1,C_2}) = E_{C_0,C_1}[\mathrm{Var}_{C_2}((Y|_{C_0,C_1,C_2})|_{C_0,C_1})] + \mathrm{Var}_{C_0,C_1}(E_{C_2}[(Y|_{C_0,C_1,C_2})|_{C_0,C_1}]) \quad (2-83)$$

定义2:测得值平均值的合成标准测量不确定度的概率表达式为

$$\mathrm{Var}_{C_0,C_1,C_2}(\bar{Y}|_{C_0,C_1,C_2}) = E_{C_0,C_1}[\mathrm{Var}_{C_2}((\bar{Y}|_{C_0,C_1,C_2})|_{C_0,C_1})] + \mathrm{Var}_{C_0,C_1}(E_{C_2}[(\bar{Y}|_{C_0,C_1,C_2})|_{C_0,C_1}]) \quad (2-84)$$

定义3:单次测得值的合成标准测量不确定度为式(2-83)中$\sqrt{\mathrm{Var}_{C_0,C_1,C_2}(Y|_{C_0,C_1,C_2})}$的估计值,记为$u_c(y)$,表征了单次测得值与真值或真值期望的差在区间$(-k\cdot u_c(y), k\cdot u_c(y))$的概率大于$1-\frac{1}{k^2}$;也表征了被测量真值或真值期望在区间$(y_i-k\cdot u_c(y), y_i+k\cdot u_c(y))$的概率大于$1-\frac{1}{k^2}$(其中$y_i$为单次测得值)。

定义4:测得值均值的合成标准测量不确定度为式(2-84)中$\sqrt{\mathrm{Var}_{C_0,C_1,C_2}(\bar{Y}|_{C_0,C_1,C_2})}$的估计值,记为$u_c(\bar{y})$,表征了均值与真值或真值期望的差在区间$(-t_{\alpha/2}(n-1)\cdot u_c(\bar{y}), t_{\alpha/2}(n-1)\cdot u_c(\bar{y}))$的概率等于$1-\alpha$;也表征了被测量真值或真值期望在区间$(\bar{y}-t_{\alpha/2}(n-1)\cdot u_c(\bar{y}), \bar{y}+t_{\alpha/2}(n-1)u_c(\bar{y}))$的概率等于$1-\alpha$(其中$\bar{y}$为测得值均值)。

定义5:单次测得值的A类标准测量不确定度为式(2-83)中$\sqrt{E_{C_0,C_1}[\mathrm{Var}_{C_2}((Y|_{C_0,C_1,C_2})|_{C_0,C_1})]}$的估计值$u_A(y)$。

定义6:测得值均值的A类标准测量不确定度为式(2-84)中$\sqrt{E_{C_0,C_1}[\mathrm{Var}_{C_2}((\bar{Y}|_{C_0,C_1,C_2})|_{C_0,C_1})]}$的估计值$u_A(\bar{y})$。

定义7:单次测得值的B类标准测量不确定度为式(2-83)中$\mathrm{Var}_{C_0,C_1}(E_{C_2}[(Y|_{C_0,C_1,C_2})|_{C_0,C_1}])$的估计值$u_B(y)$。

定义8:测得值均值的B类标准测量不确定度为式(2-84)中$\mathrm{Var}_{C_0,C_1}(E_{C_2}[(\bar{Y}|_{C_0,C_1,C_2})|_{C_0,C_1}])$的估计值$u_B(\bar{y})$。

定义9:测量不确定度的A类评定方法为使用数据列的统计方法对A类标准测量不确定度或B类标准测量不确定度进行评估的方法。

定义 10:测量不确定度的 B 类评定方法为使用除 A 类评定方法外的其他方法对 A 类标准测量不确定度或 B 类标准测量不确定度进行评估的方法。

2.7 比对结果的不确定度分析

2.7.1 条件 Ⅰ 下比对结果的测量不确定度分析

满足如下条件的比对称为条件 Ⅰ 下的比对:

——在给定实验室环境条件 C_0 下,被测量真值对应的条件随机变量 $X|_{C_0}$ 的取值 $X|_{C_0=c_{0,\ell,t}}=x_{\text{true}}$, $t\in(t_0,t_1)$, ℓ 表示是第 ℓ 个实验室;

——$X_S|_{C_0=c_{0,\ell,t},C_1=c_{1,\ell,t}}$为在 t 时刻,第 ℓ 个实验室条件为 $c_{0,\ell,t}$时,测量系统 $c_{1,\ell,t}$对测得值 $Y|_{C_0=c_{0,\ell,t},C_1=c_{1,\ell,t}}$的影响,且若 β_ℓ 为一常数,则 $t\in(t_0,t_1)$时,有

$$X_S|_{C_0=c_{0,\ell,t},C_1=c_{1,\ell,t}}=E_{C_2}[Y|_{C_0=c_{0,\ell,t},C_1=c_{1,\ell,t},C_2}]-X|_{C_0=c_{0,\ell,t}}=\beta_\ell \tag{2-85}$$

——$X_R|_{C_0=c_{0,\ell,t},C_1=c_{1,\ell,t},C_2=c_{2,\ell,t}}$为在 t 时刻,第 ℓ 实验室条件为 $c_{0,\ell,t}$时,测量系统为 $c_{1,\ell,t}$时,未知影响因素 $c_{2,\ell,t}$对测得值 $Y|_{C_0=c_{0,\ell,t},C_1=c_{1,\ell,t},C_2=c_{2,\ell,t}}$的影响,且

①$X_R|_{C_0=c_{0,\ell,t},C_1=c_{1,\ell,t},C_2=c_{2,\ell,t}}=Y|_{C_0=c_{0,\ell,t},C_1=c_{1,\ell,t},C_2=c_{2,\ell,t}}-E_{C_2}[Y|_{C_0=c_{0,\ell,t},C_1=c_{1,\ell,t},C_2}]$; (2-86)

②$E_{C_2}[X_R|_{C_0=c_{0,\ell,t},C_1=c_{1,\ell,t},C_2}]=0$; (2-87)

③随机变量 $X|_{C_0}$, $X_S|_{C_0,C_1}$, $X_R|_{C_0,C_1,C_2}$相互独立。

2.7.1.1 条件 Ⅰ 下单次测得值的测量不确定度分析

基于以上条件,依据式(2-6),任一测得值为

$$Y|_{C_0=c_{0,\ell,t},C_1=c_{1,\ell,t},C_2=c_{2,\ell,t}}=x_{\text{true}}+\beta_\ell+X_R|_{C_0=c_{0,\ell,t},C_1=c_{1,\ell,t},C_2=c_{2,\ell,t}} \tag{2-88}$$

则测得值对应的随机变量为

$$Y|_{C_0,C_1,C_2} = x_{\text{true}} + X_S|_{C_0,C_1} + X_R|_{C_0,C_1,C_2} \tag{2-89}$$

式(2－89)的期望为

$$E_{C_0,C_1,C_2}[Y|_{C_0,C_1,C_2}] = x_{\text{true}} + E_{C_0,C_1}[X_S|_{C_0,C_1}] + E_{C_0,C_1,C_2}[X_R|_{C_0,C_1,C_2}]$$

同样,基于前面第Ⅱ类总体的原因,总能够假设每个实验室满足

$$E_{C_1=C_{1,\ell}}[X_S|_{C_0,C_1=C_{1,\ell}}] = 0 \tag{2-90}$$

因此,式(2－89)的期望为

$$E_{C_0,C_1,C_2}[Y|_{C_0,C_1,C_2}] = x_{\text{true}}$$

将式(2－89)代入单次测得值合成标准测量不确定度的概率表达式(2－83)有

$$\begin{aligned}
\mathrm{Var}_{C_0,C_1,C_2}(Y|_{C_0,C_1,C_2}) &= E_{C_0,C_1}[\mathrm{Var}_{C_2}((x_{\text{true}} + X_S|_{C_0,C_1} + X_R|_{C_0,C_1,C_2})|_{C_0,C_1})] + \\
&\quad \mathrm{Var}_{C_0,C_1}(E_{C_2}[(x_{\text{true}} + X_S|_{C_0,C_1} + \\
&\quad X_R|_{C_0,C_1,C_2})|_{C_0,C_1}]) \\
&= E_{C_0,C_1}[\mathrm{Var}_{C_2}((X_R|_{C_0,C_1,C_2})|_{C_0,C_1})] + \\
&\quad \mathrm{Var}_{C_0,C_1}((X_S|_{C_0,C_1})|_{C_0,C_1}) \\
&= E_{C_0,C_1}[\mathrm{Var}_{C_2}((X_R|_{C_0,C_1,C_2})|_{C_0,C_1})] + \\
&\quad E_{C_0}[\mathrm{Var}_{C_1}([(X_S|_{C_0,C_1})|_{C_0,C_1}]|_{C_0})] + \\
&\quad \mathrm{Var}_{C_0}(E_{C_1}[[(X_S|_{C_0,C_1})|_{C_0,C_1}]|_{C_0}])
\end{aligned}$$

所以有

$$\begin{aligned}
\mathrm{Var}_{C_0,C_1,C_2}(Y|_{C_0,C_1,C_2}) &= E_{C_0,C_1}[\mathrm{Var}_{C_2}((X_R|_{C_0,C_1,C_2})|_{C_0,C_1})] + \\
&\quad E_{C_0}[\mathrm{Var}_{C_1}([(X_S|_{C_0,C_1})|_{C_0,C_1}]|_{C_0})] + \\
&\quad \mathrm{Var}_{C_0}(E_{C_1}[[(X_S|_{C_0,C_1})|_{C_0,C_1}]|_{C_0}])
\end{aligned} \tag{2-91}$$

基于条件Ⅰ,式(2－91)的计量学含义:

(1)$E_{C_0,C_1}[\mathrm{Var}_{C_2}((X_R|_{C_0,C_1,C_2})|_{C_0,C_1})]$的计量学含义及估计$u_{\mathrm{A}}^2(y)$

$\mathrm{Var}_{C_2}((X_R|_{C_0,C_1,C_2})|_{C_0,C_1})$是在实验室选定,测量系统选定的前提下所有测得值中含有的未知因素影响的方差。因此,$E_{C_0,C_1}[\mathrm{Var}_{C_2}((X_R|_{C_0,C_1,C_2})|_{C_0,C_1})]$是指全部实验室这类方差形成总体的期望。

其估计为

$$u_{\mathrm{A}}^{2}(y)=\frac{1}{L}\sum_{\ell=1}^{L}u_{\mathrm{A}}^{2}(y_{\ell}) \qquad (2-92)$$

式中，ℓ 为第 ℓ 个实验室；L 为参加比对的实验室总数；$u_{\mathrm{A}}(y_{\ell})$ 为第 ℓ 个实验室单次测得值的 A 类标准测量不确定度。

(2) $E_{C_0}[\mathrm{Var}_{C_1}([[(X_S\mid_{C_0,C_1})\mid_{C_0,C_1}]\mid_{C_0})]$ 的计量学含义及估计 $u_{\mathrm{B}_1}(y)$

$\mathrm{Var}_{C_1}([[(X_S\mid_{C_0,C_1})\mid_{C_0,C_1}]\mid_{C_0})$ 是在实验室选定的前提下，测量系统影响的方差。因此，$E_{C_0}[\mathrm{Var}_{C_1}([[(X_S\mid_{C_0,C_1})\mid_{C_0,C_1}]\mid_{C_0})]$ 是指全部实验室这类方差形成总体的期望。其估计为

$$u_{\mathrm{B}_1}^{2}(y)=\frac{1}{L}\sum_{\ell=1}^{L}u_{\mathrm{B}}^{2}(y_{\ell}) \qquad (2-93)$$

式中，ℓ 为第 ℓ 个实验室；L 为参加比对的实验室总数；$u_{\mathrm{B}}(y_{\ell})$ 为第 ℓ 个实验室的 B 类标准测量不确定度。

(3) $\mathrm{Var}_{C_0}(E_{C_1}[[(X_S\mid_{C_0,C_1})\mid_{C_0,C_1}]\mid_{C_0}])$ 的计量学含义及估计 $u_{\mathrm{B}_2}(y)$

$E_{C_1}[[(X_S\mid_{C_0,C_1})\mid_{C_0,C_1}]\mid_{C_0}]$ 是在实验室选定的前提下，实验室测量系统影响的期望。$\mathrm{Var}_{C_0}(E_{C_1}[[(X_S\mid_{C_0,C_1})\mid_{C_0,C_1}]\mid_{C_0}])$ 是指全部实验室这类期望形成总体的方差。根据假设，理论上这一方差为 0。

在条件 I 下，其理论公式为

$$u_{\mathrm{B}_2}(y)=\sqrt{\frac{1}{L-1}\sum_{\ell=1}^{L}\left(E[\beta_{\ell}]-\frac{1}{L}\sum_{\ell=1}^{L}E[\beta_{\ell}]\right)^{2}} \qquad (2-94)$$

在大多数情况下，由于实际工作中一般无法知道 β_{ℓ}，因此需要依据每个 β_{ℓ} 的概率分布进行统计模拟。

综上所述，在条件 I 下，任一比对实验室单次测得值的合成标准测量不确定度为

$$u_{\mathrm{c}}^{2}(y)=u_{\mathrm{A}}^{2}(y)+u_{\mathrm{B}_1}^{2}(y)+u_{\mathrm{B}_2}^{2}(y) \qquad (2-95)$$

上述求取方法要求实验室提供：

①单次测得值的 A 类标准测量不确定度；

②单次测得值的 B 类标准测量不确定度和概率分布。

如果实验室还能够提交被测量的所有单次测得值,则所有比对实验室测得值的样本方差为

$$s^2(y) = \frac{1}{\sum_{\ell=1}^{L} N_\ell - 1} \sum_{\ell=1}^{L} \sum_{i=1}^{N_\ell} \left(Y \mid_{C_0=c_{0,\ell,i}, C_1=c_{1,\ell,i}, C_2=c_{2,\ell,i}} - \right.$$

$$\left. \frac{1}{\sum_{\ell=1}^{L} N_\ell} \sum_{\ell=1}^{L} \sum_{i=1}^{N_\ell} Y \mid_{C_0=c_{0,\ell,i}, C_1=c_{1,\ell,i}, C_2=c_{2,\ell,i}} \right)^2$$

$$= \frac{1}{\sum_{\ell=1}^{L} N_\ell - 1} \sum_{\ell=1}^{L} \sum_{i=1}^{N_\ell} (\beta_\ell - \frac{1}{\sum_{\ell=1}^{L} N_\ell} \sum_{\ell=1}^{L} N_\ell \beta_\ell +$$

$$X_R \mid_{C_0=c_{0,\ell,i}, C_1=c_{1,\ell,i}, C_2=c_{2,\ell,i}} -$$

$$\frac{1}{\sum_{\ell=1}^{L} N_\ell} \sum_{\ell=1}^{N_\ell} \sum_{i=1}^{N_\ell} X_R \mid_{C_0=c_{0,\ell,i}, C_1=c_{1,\ell,i}, C_2=c_{2,\ell,i}})^2$$

$$= \frac{1}{\sum_{\ell=1}^{L} N_\ell - 1} \sum_{\ell=1}^{L} N_\ell \left(\beta_\ell - \frac{1}{\sum_{\ell=1}^{L} N_\ell} \sum_{\ell=1}^{L} N_\ell \beta_\ell \right)^2 +$$

$$\frac{1}{\sum_{\ell=1}^{L} N_\ell - 1} \sum_{\ell=1}^{L} \sum_{i=1}^{N_\ell} (X_R \mid_{C_0=c_{0,\ell,i}, C_1=c_{1,\ell,i}, C_2=c_{2,\ell,i}} -$$

$$\frac{1}{\sum_{\ell=1}^{L} N_\ell} \sum_{\ell=1}^{N_\ell} \sum_{i=1}^{N_\ell} X_R \mid_{C_0=c_{0,\ell,i}, C_1=c_{1,\ell,i}, C_2=c_{2,\ell,i}})^2 +$$

$$\frac{2}{\sum_{\ell=1}^{L} N_\ell - 1} \sum_{\ell=1}^{L} \sum_{i=1}^{N_\ell} (\beta_\ell - \frac{1}{\sum_{\ell=1}^{L} N_\ell} \sum_{\ell=1}^{L} N_\ell \beta_\ell)$$

$$(X_R \mid_{C_0=c_{0,\ell,i}, C_1=c_{1,\ell,i}, C_2=c_{2,\ell,i}} -$$

$$\frac{1}{\sum_{\ell=1}^{L} N_\ell} \sum_{\ell=1}^{N_\ell} \sum_{i=1}^{N_\ell} X_R \mid_{C_0=c_{0,\ell,i}, C_1=c_{1,\ell,i}, C_2=c_{2,\ell,i})}$$

由于 $X_S\mid_{C_0,C_1}$，$X_R\mid_{C_0,C_1,C_2}$ 相互独立，则

$$\frac{2}{\sum_{\ell=1}^{L}N_\ell-1}\sum_{\ell=1}^{L}\sum_{i=1}^{N_\ell}\left(\beta_\ell-\frac{1}{\sum_{\ell=1}^{L}N_\ell}\sum_{\ell=1}^{L}N_\ell\beta_\ell\right)$$

$$\left(X_R\mid_{C_0=c_{0,\ell,i},C_1=c_{1,\ell,i},C_2=c_{2,\ell,i}}-\frac{1}{\sum_{\ell=1}^{L}N_\ell}\sum_{\ell=1}^{N_\ell}\sum_{i=1}^{N_\ell}X_R\mid_{C_0=c_{0,\ell,i},C_1=c_{1,\ell,i},C_2=c_{2,\ell,i})}\right)\approx 0$$

所以，全部比对实验室测得值的样本方差近似为

$$s^2(y)\approx\frac{1}{\sum_{\ell=1}^{L}N_\ell-1}\sum_{\ell=1}^{L}N_\ell\left(\beta_\ell-\frac{1}{\sum_{\ell=1}^{L}N_\ell}\sum_{\ell=1}^{L}N_\ell\beta_\ell\right)^2+$$
$$\frac{1}{\sum_{\ell=1}^{L}N_\ell-1}\sum_{\ell=1}^{L}\sum_{i=1}^{N_\ell}\left(X_R\mid_{C_0=c_{0,\ell,i},C_1=c_{1,\ell,i},C_2=c_{2,\ell,i}}-\right.$$
$$\left.\frac{1}{\sum_{\ell=1}^{L}N_\ell}\sum_{\ell=1}^{N_\ell}\sum_{i=1}^{N_\ell}X_R\mid_{C_0=c_{0,\ell,i},C_1=c_{1,\ell,i},C_2=c_{2,\ell,i}}\right)^2\tag{2-96}$$

式(2-96)中的第二项是 $E_{C_0,C_1}[\mathrm{Var}_{C_2}((X_R\mid_{C_0,C_1,C_2})\mid_{C_0,C_1})]$ 的估计；第一项为 $\mathrm{Var}_{C_0}(E_{C_1}[[(X_S\mid_{C_0,C_1})\mid_{C_0,C_1}]\mid_{C_0}])$ 的估计；因此全部比对实验室测得值的样本方差为 $E_{C_0,C_1}[\mathrm{Var}_{C_2}((X_R\mid_{C_0,C_1,C_2})\mid_{C_0,C_1})]+\mathrm{Var}_{C_0}(E_{C_1}[[(X_S\mid_{C_0,C_1})\mid_{C_0,C_1}]\mid_{C_0}])$ 的估计；按已有方法求出 $E_{C_0}[\mathrm{Var}_{C_1}([(X_S\mid_{C_0,C_1})\mid_{C_0,C_1}]\mid_{C_0})]$ 的估计，则可给出比对中单次测得值的不确定度。

2.7.1.2 条件 I 下比对中全部测得值均值的不确定度分析

基于条件 I，测得值均值为

$$\frac{1}{\sum_{\ell=1}^{L}N_\ell}\sum_{\ell=1}^{L}\sum_{i=1}^{N_\ell}Y\mid_{C_0=c_{0,\ell,i},C_1=c_{1,\ell,i},C_2=c_{2,\ell,i}}=x_{\mathrm{true}}+$$

$$\frac{1}{\sum_{\ell=1}^{L} N_\ell} \sum_{\ell=1}^{L} N_\ell \beta_\ell + \frac{1}{\sum_{\ell=1}^{L} N_\ell} \sum_{\ell=1}^{L} \sum_{i=1}^{N_\ell} X_R \mid_{C_0=c_{0,\ell,i}, C_1=c_{1,\ell,i}, C_2=c_{2,\ell,i}} \tag{2-97}$$

式(2－97)对应随机变量的表达式为

$$\overline{Y} \mid_{C_0,C_1,C_2} = x_{\text{true}} + \frac{1}{\sum_{\ell=1}^{L} N_\ell} \sum_{\ell=1}^{L} N_\ell X_{S_\ell} \mid_{C_0,C_1} + \frac{1}{\sum_{\ell=1}^{L} N_\ell} \sum_{\ell=1}^{L} \sum_{i=1}^{N_\ell} X_{R_\ell} \mid_{C_0,C_1,C_2} \tag{2-98}$$

式中，$X_{S_\ell} \mid_{C_0,C_1}$ 为第 ℓ 个实验室测量系统对测得值的影响对应的随机变量；$X_{R_\ell} \mid_{C_0,C_1,C_2}$ 为第 ℓ 个实验室未知因素对测得值的影响对应的随机变量。

因此，比对测得值均值的不确定度的概率表达式为

$$\begin{aligned}
&\mathrm{Var}_{C_0,C_1,C_2}(\overline{Y} \mid_{C_0,C_1,C_2}) \\
&= E_{C_0,C_1}\left[\mathrm{Var}_{C_2}\left(\left(\frac{1}{\sum_{\ell=1}^{L} N_\ell} \sum_{\ell=1}^{L} \sum_{i=1}^{N_\ell} X_{R_\ell} \Big|_{C_0,C_1,C_2}\right)\Big|_{C_0,C_1}\right)\right] + \\
&\quad E_{C_0}\left[\mathrm{Var}_{C_1}\left(\left[\left(\frac{1}{\sum_{\ell=1}^{L} N_\ell} \sum_{\ell=1}^{L} N_\ell X_{S_\ell} \Big|_{C_0,C_1}\right)\Big|_{C_0,C_1}\right]\Big|_{C_0}\right)\right] + \\
&\quad \mathrm{Var}_{C_0}\left(E_{C_1}\left[\left[\left(\frac{1}{\sum_{\ell=1}^{L} N_\ell} \sum_{\ell=1}^{L} N_\ell X_{S_\ell} \Big|_{C_0,C_1}\right)\Big|_{C_0,C_1}\right]\Big|_{C_0}\right]\right) \\
&= E_{C_0,C_1}\left[\left(\frac{1}{\sum_{\ell=1}^{L} N_\ell}\right)^2 \sum_{\ell=1}^{L} N_\ell{}^2 \sum_{\ell=1}^{L} \mathrm{Var}_{C_2}((X_{R_\ell} \mid_{C_0,C_1,C_2}) \mid_{C_0,C_1})\right] + \\
&\quad E_{C_0}\left[\left(\frac{1}{\sum_{\ell=1}^{L} N_\ell}\right)^2 \sum_{\ell=1}^{L} N_\ell{}^2 \mathrm{Var}_{C_1}([(X_{S_\ell} \mid_{C_0,C_1}) \mid_{C_0,C_1}] \mid_{C_0})\right] + \\
&\quad \mathrm{Var}_{C_0}\left(\frac{1}{\sum_{\ell=1}^{L} N_\ell} \sum_{\ell=1}^{L} N_\ell E_{C_1}[[(X_{S_\ell} \mid_{C_0,C_1}) \mid_{C_0,C_1}] \mid_{C_0}]\right)
\end{aligned}$$

$$= \left(\frac{1}{\sum_{\ell=1}^{L} N_\ell}\right)^2 \sum_{\ell=1}^{L} N_\ell^{\ 2} E_{C_0,C_1}[\mathrm{Var}_{C_2}((X_{R_\ell}\mid_{C_0,C_1,C_2})\mid_{C_0,C_1})] +$$

$$\left(\frac{1}{\sum_{\ell=1}^{L} N_\ell}\right)^2 \sum_{\ell=1}^{L} N_\ell^{\ 2} E_{C_0}[\mathrm{Var}_{C_1}([(X_{S_\ell}\mid_{C_0,C_1})\mid_{C_0,C_1}]\mid_{C_0})] +$$

$$\left(\frac{1}{\sum_{\ell=1}^{L} N_\ell}\right)^2 \sum_{\ell=1}^{L} N_\ell^{\ 2} \mathrm{Var}_{C_0}(E_{C_1}[[(X_{S_\ell}\mid_{C_0,C_1})\mid_{C_0,C_1}]\mid_{C_0}])$$

$$= \frac{1}{\left(\sum_{\ell=1}^{L} N_\ell\right)^2} \sum_{\ell=1}^{L} N_\ell^{\ 2} \mathrm{Var}_{C_0,C_1,C_2}(Y_\ell\mid_{C_0,C_1,C_2})$$

因此有

$$\mathrm{Var}_{C_0,C_1,C_2}(\bar{Y}\mid_{C_0,C_1,C_2}) = \frac{1}{\left(\sum_{\ell=1}^{L} N_\ell\right)^2} \sum_{\ell=1}^{L} N_\ell^{\ 2} \mathrm{Var}_{C_0,C_1,C_2}(Y_\ell\mid_{C_0,C_1,C_2}) \tag{2-99}$$

上述求取方法要求实验室提供：

①单次测得值的合成标准测量不确定度；

②测量次数。

2.7.2 条件Ⅰ′下比对结果的测量不确定度分析

满足如下条件的比对称为条件Ⅰ′下的比对：

——在给定实验室环境条件 C_0 下，被测量真值对应的条件随机变量 $X\mid_{C_0}$ 的取值 $X\mid_{C_0=c_{0,\ell,t}} = x_{\mathrm{true}_\ell}, t\in(t_0,t_1)$，$\ell$ 表示是第 ℓ 个实验室，x_{true_ℓ} 表示第 ℓ 个实验室测量对象的真值；

——$X_S\mid_{C_0=c_{0,\ell,t},C_1=c_{1,\ell,t}}$ 为在 t 时刻，第 ℓ 个实验室条件为 $c_{0,\ell,t}$ 时，测量系统 $c_{1,\ell,t}$ 对测得值 $Y\mid_{C_0=c_{0,\ell,t},C_1=c_{1,\ell,t}}$ 的影响，且若 β_ℓ 为一常数，则 $t\in(t_0,t_1)$ 时，有

$$X_S\mid_{C_0=c_{0,\ell,t},C_1=c_{1,\ell,t}} = E_{C_2}[Y\mid_{C_0=c_{0,\ell,t},C_1=c_{1,\ell,t},C_2}] - X\mid_{C_0=c_{0,\ell,t}} = \beta_\ell \tag{2-100}$$

——$X_R \mid_{C_0=c_{0,\ell,t},C_1=c_{1,\ell,t},C_2=c_{2,\ell,t}}$为在 t 时刻，第 ℓ 实验室条件为 $c_{0,\ell,t}$时，测量系统为 $c_{1,\ell,t}$时，未知影响因素 $c_{2,\ell,t}$对测得值 $Y \mid_{C_0=c_{0,\ell,t},C_1=c_{1,\ell,t},C_2=c_{2,\ell,t}}$的影响，且

①$X_R \mid_{C_0=c_{0,\ell,t},C_1=c_{1,\ell,t},C_2=c_{2,\ell,t}} = Y \mid_{C_0=c_{0,\ell,t},C_1=c_{1,\ell,t},C_2=c_{2,\ell,t}} - E_{C_2}[Y \mid_{C_0=c_{0,\ell,t},C_1=c_{1,\ell,t},C_2}]$；

②$E_{C_2}[X_R \mid_{C_0=c_{0,\ell,t},C_1=c_{1,\ell,t},C_2}] = 0$；

③随机变量 $X \mid_{C_0}$，$X_S \mid_{C_0,C_1}$，$X_R \mid_{C_0,C_1,C_2}$相互独立。

2.7.2.1　条件 I′下比对单次测得值的测量不确定度分析

基于以上条件，任一测得值为

$$Y \mid_{C_0=c_{0,\ell,t},C_1=c_{1,\ell,t},C_2=c_{2,\ell,t}} = X \mid_{C_0} = c_{0,\ell,t} + \beta_\ell + X_R \mid_{C_0=c_{0,\ell,t},C_1=c_{1,\ell,t},C_2=c_{2,\ell,t}} \tag{2-101}$$

则测得值对应的随机变量为

$$Y \mid_{C_0,C_1,C_2} = X \mid_{C_0} + X_S \mid_{C_0,C_1} + X_R \mid_{C_0,C_1,C_2} \tag{2-102}$$

式(2-102)的期望为

$$E_{C_0,C_1,C_2}[Y \mid_{C_0,C_1,C_2}] = E_{C_0}[X \mid_{C_0}] + E_{C_0,C_1}[X_S \mid_{C_0,C_1}] + E_{C_0,C_1,C_2}[X_R \mid_{C_0,C_1,C_2}] \tag{2-103}$$

同样，基于式(2-90)，式(2-103)简化为

$$E_{C_0,C_1,C_2}[Y \mid_{C_0,C_1,C_2}] = E_{C_0}[X \mid_{C_0}] \tag{2-104}$$

式(2-102)的合成标准测量不确定度的概率表达式为

$$\begin{aligned}
\mathrm{Var}_{C_0,C_1,C_2}(Y \mid_{C_0,C_1,C_2}) &= E_{C_0,C_1}[\mathrm{Var}_{C_2}((X \mid_{C_0} + X_S \mid_{C_0,C_1} + X_R \mid_{C_0,C_1,C_2}) \mid_{C_0,C_1})] + \\
&\quad \mathrm{Var}_{C_0,C_1}(E_{C_2}[(X \mid_{C_0} + X_S \mid_{C_0,C_1} + X_R \mid_{C_0,C_1,C_2}) \mid_{C_0,C_1}]) \\
&= E_{C_0,C_1}[\mathrm{Var}_{C_2}((X_R \mid_{C_0,C_1,C_2}) \mid_{C_0,C_1})] + \\
&\quad \mathrm{Var}_{C_0,C_1}((X \mid_{C_0} + X_S \mid_{C_0,C_1}) \mid_{C_0,C_1}) \\
&= E_{C_0,C_1}[\mathrm{Var}_{C_2}((X_R \mid_{C_0,C_1,C_2}) \mid_{C_0,C_1})] + \\
&\quad E_{C_0}[\mathrm{Var}_{C_1}([(X \mid_{C_0} + X_S \mid_{C_0,C_1}) \mid_{C_0,C_1}] \mid_{C_0})] + \\
&\quad \mathrm{Var}_{C_0}(E_{C_1}[[(X \mid_{C_0} + X_S \mid_{C_0,C_1}) \mid_{C_0,C_1}] \mid_{C_0}])
\end{aligned}$$

$$= E_{C_0,C_1}[\mathrm{Var}_{C_2}((X_R|_{C_0,C_1,C_2})|_{C_0,C_1})] + E_{C_0}[\mathrm{Var}_{C_1}([(X_S|_{C_0,C_1})|_{C_0,C_1}]|_{C_0})] + \mathrm{Var}_{C_0}([(X|_{C_0})|_{C_0,C_1}]|_{C_0}) + \mathrm{Var}_{C_0}(E_{C_1}[[(X_S|_{C_0,C_1})|_{C_0,C_1}]|_{C_0}])$$

即

$$\mathrm{Var}_{C_0,C_1,C_2}(Y|_{C_0,C_1,C_2}) = E_{C_0,C_1}[\mathrm{Var}_{C_2}((X_R|_{C_0,C_1,C_2})|_{C_0,C_1})] + E_{C_0}[\mathrm{Var}_{C_1}([(X_S|_{C_0,C_1})|_{C_0,C_1}]|_{C_0})] + \mathrm{Var}_{C_0}(E_{C_1}[[(X_S|_{C_0,C_1})|_{C_0,C_1}]|_{C_0}]) + \mathrm{Var}_{C_0}([(X|_{C_0})|_{C_0,C_1}]|_{C_0}) \quad (2-105)$$

基于条件Ⅰ′,式(2－105)的计量学含义为:

(1)$E_{C_0,C_1}[\mathrm{Var}_{C_2}((X_R|_{C_0,C_1,C_2})|_{C_0,C_1})]$的计量学含义及其估计值$u_A^2(y)$

$\mathrm{Var}_{C_2}((X_R|_{C_0,C_1,C_2})|_{C_0,C_1})$是在实验室选定,测量系统选定的前提下所有测得值中含有的未知因素影响的方差。因此$E_{C_0,C_1}[\mathrm{Var}_{C_2}((X_R|_{C_0,C_1,C_2})|_{C_0,C_1})]$是指全部实验室这类方差形成总体的期望。其估计为

$$u_A^2(y) = \frac{1}{L}\sum_{\ell=1}^{L} u_A^2(y_\ell) \quad (2-106)$$

式中,ℓ为第ℓ个实验室;L为参加比对的实验室总数;$u_A(y_\ell)$为第ℓ个实验室单次测得值的A类标准测量不确定度。

(2)$E_{C_0}[\mathrm{Var}_{C_1}([(X_S|_{C_0,C_1})|_{C_0,C_1}]|_{C_0})]$的计量学含义及其估计值$u_{B_1}^2(y)$

$\mathrm{Var}_{C_1}([(X_S|_{C_0,C_1})|_{C_0,C_1}]|_{C_0})$是在实验室选定的前提下,测量系统影响的方差。因此$E_{C_0}[\mathrm{Var}_{C_1}([(X_S|_{C_0,C_1})|_{C_0,C_1}]|_{C_0})]$是指全部实验室这类方差形成总体的期望。其估计为

$$u_{B_1}^2(y) = \frac{1}{L}\sum_{\ell=1}^{L} u_B^2(y_\ell) \quad (2-107)$$

式中,ℓ为第ℓ个实验室;L为参加比对的实验室总数;$u_B(y_\ell)$为第ℓ个实验室的B类标准测量不确定度。

(3) $\mathrm{Var}_{C_0}(E_{C_1}[[(X_S|_{C_0,C_1})|_{C_0,C_1}]|_{C_0}])$的计量学含义及其估计值$u_{B_2}^2(y)$

$E_{C_1}[[(X_S|_{C_0,C_1})|_{C_0,C_1}]|_{C_0}]$是在实验室选定的前提下,实验室测量系统影响的期望。$\mathrm{Var}_{C_0}(E_{C_1}[[(X_S|_{C_0,C_1})|_{C_0,C_1}]|_{C_0}])$是指全部实验室这类期望形成总体的方差。

在条件Ⅰ下,其理论公式为式(2-94)。

(4) $\mathrm{Var}_{C_0}([(X|_{C_0})|_{C_0,C_1}]|_{C_0})$ 的计量学含义及其估计值$u_{B_3}^2(y)$

$\mathrm{Var}_{C_0}([(X|_{C_0})|_{C_0,C_1}]|_{C_0})$是由所有实验室被测量真值形成的总体的方差。$u_{B_3}^2(y)$可由比对样品的已知测量标准不确定度的平方给出。

综上所述,在条件Ⅰ′下,任一比对实验室单次测得值的合成标准测量不确定度为

$$u_c^2(y)=u_A^2(y)+u_{B_1}^2(y)+u_{B_2}^2(y)+u_{B_3}^2(y)$$

不考虑相关性,所有比对实验室测得值的样本方差近似为

$$\begin{aligned}
s^2(y)=&\frac{1}{\sum\limits_{\ell=1}^{L}N_\ell-1}\sum_{\ell=1}^{L}\sum_{i=1}^{N_\ell}\Bigg(X|_{C_0=c_{0,\ell,i}}+\beta_\ell+X_R|_{C_0=c_{0,\ell,i},\,C_1=c_{1,\ell,i},C_2=c_{2,\ell,i}}-\\
&\frac{1}{\sum\limits_{\ell=1}^{L}N_\ell}\sum_{\ell=1}^{L}\sum_{i=1}^{N_\ell}(X|_{C_0=c_{0,\ell,i}}+\beta_\ell+X_R|_{C_0=c_{0,\ell,i},C_1=c_{1,\ell,i},C_2=c_{2,\ell,i}})\Bigg)^2\\
=&\frac{1}{\sum\limits_{\ell=1}^{L}N_\ell-1}\sum_{\ell=1}^{L}\sum_{i=1}^{N_\ell}\Bigg(X|_{C_0=c_{0,\ell,i}}-\frac{\sum\limits_{\ell=1}^{L}N_\ell X|_{C_0=c_{0,\ell}}}{\sum\limits_{\ell=1}^{L}N_\ell}+\\
&\beta_\ell-\frac{\sum\limits_{\ell=1}^{L}N_\ell\beta_\ell}{\sum\limits_{\ell=1}^{L}N_\ell}+X_R|_{C_0=c_{0,\ell,i},C_1=c_{1,\ell,i},C_2=c_{2,\ell,i}}-\\
&\frac{1}{\sum\limits_{\ell=1}^{L}N_\ell}\sum_{\ell=1}^{L}\sum_{i=1}^{N_\ell}X_R|_{C_0=c_{0,\ell,i},C_1=c_{1,\ell,i},C_2=c_{2,\ell,i}}\Bigg)^2
\end{aligned}$$

$$\approx \frac{1}{\sum_{\ell=1}^{L} N_\ell - 1} \sum_{\ell=1}^{L} N_\ell \left(X \mid_{C_0 = c_{0,\ell}} - \frac{\sum_{\ell=1}^{L} N_\ell X \mid_{C_0 = c_{0,\ell}}}{\sum_{\ell=1}^{L} N_\ell} \right)^2 +$$

$$\frac{1}{\sum_{\ell=1}^{L} N_\ell - 1} \sum_{\ell=1}^{L} N_\ell \left(\beta_\ell - \frac{\sum_{\ell=1}^{L} N_\ell \beta_\ell}{\sum_{\ell=1}^{L} N_\ell} \right)^2 +$$

$$\frac{1}{\sum_{\ell=1}^{L} N_\ell - 1} \sum_{\ell=1}^{L} \sum_{i=1}^{N_\ell} \left(X_R \mid_{C_0 = c_{0,\ell,i}, C_1 = c_{1,\ell,i}, C_2 = c_{2,\ell,i}} - \right.$$

$$\left. \frac{1}{\sum_{\ell=1}^{L} N_\ell} \sum_{\ell=1}^{L} \sum_{\ell=1}^{N_\ell} X_R \mid_{C_0 = c_{0,\ell,i}, C_1 = c_{1,\ell,i}, C_2 = c_{2,\ell,i}} \right)^2$$

$$= \frac{1}{\sum_{\ell=1}^{L} N_\ell - 1} \sum_{\ell=1}^{L} N_\ell \left(x_{\text{true}_\ell} - \frac{\sum_{\ell=1}^{L} N_\ell x_{\text{true}_\ell}}{\sum_{\ell=1}^{L} N_\ell} \right)^2 +$$

$$\frac{1}{\sum_{\ell=1}^{L} N_\ell - 1} \sum_{\ell=1}^{L} N_\ell \left(\beta_\ell - \frac{\sum_{\ell=1}^{L} N_\ell \beta_\ell}{\sum_{\ell=1}^{L} N_\ell} \right)^2 +$$

$$\frac{1}{\sum_{\ell=1}^{L} N_\ell - 1} \sum_{\ell=1}^{L} \sum_{i=1}^{N_\ell} \left(X_R \mid_{C_0 = c_{0,\ell,i}, C_1 = c_{1,\ell,i}, C_2 = c_{2,\ell,i}} - \right.$$

$$\left. \frac{1}{\sum_{\ell=1}^{L} N_\ell} \sum_{\ell=1}^{L} \sum_{i=1}^{N_\ell} X_R \mid_{C_0 = c_{0,\ell,i}, C_1 = c_{1,\ell,i}, C_2 = c_{2,\ell,i}} \right)^2$$

显然,则式(2－105)的估计值为

$$u_c^2 (Y \mid_{C_0, C_1, C_2}) = s^2 (y) + \frac{1}{L} \sum_{\ell=1}^{L} u_B^2 (y_\ell)$$

2.7.2.2　条件 I ′下比对测得值均值的测量不确定度分析

基于以上条件，全部测得值均值为

$$\overline{Y}\mid_{C_0,C_1,C_2}=\frac{\sum_{\ell=1}^{L}N_\ell X\mid_{C_0=c_{0,\ell}}}{\sum_{\ell=1}^{L}N_\ell}+\frac{\sum_{\ell=1}^{L}N_\ell\beta_\ell}{\sum_{\ell=1}^{L}N_\ell}+\frac{1}{\sum_{\ell=1}^{L}N_\ell}\sum_{\ell=1}^{L}\sum_{i=1}^{N_\ell}X_R\mid_{C_0=c_{0,\ell,i},C_1=c_{1,\ell,i},C_2=c_{2,\ell,i}} \tag{2-108}$$

则测得值均值对应的随机变量为

$$\overline{Y}\mid_{C_0,C_1,C_2}=\frac{\sum_{\ell=1}^{L}N_\ell X_\ell\mid_{C_0}}{\sum_{\ell=1}^{L}N_\ell}+\frac{\sum_{\ell=1}^{L}N_\ell X_{S_\ell}\mid_{C_0,C_1}}{\sum_{\ell=1}^{L}N_\ell}+\frac{1}{\sum_{\ell=1}^{L}N_\ell}\sum_{\ell=1}^{L}\sum_{i=1}^{N_\ell}X_{R_\ell}\mid_{C_0,C_1,C_2} \tag{2-109}$$

式(2－109)的合成标准测量不确定度的概率表达式为

$$\mathrm{Var}_{C_0,C_1,C_2}(\overline{Y}\mid_{C_0,C_1,C_2})$$

$$=E_{C_0,C_1}\left[\mathrm{Var}_{C_2}\left(\left(\frac{\sum_{\ell=1}^{L}N_\ell X_\ell\mid_{C_0}}{\sum_{\ell=1}^{L}N_\ell}+\frac{\sum_{\ell=1}^{L}N_\ell X_{S_\ell}\mid_{C_0,C_1}}{\sum_{\ell=1}^{L}N_\ell}+\frac{1}{\sum_{\ell=1}^{L}N_\ell}\sum_{\ell=1}^{L}\sum_{i=1}^{N_\ell}X_{R_\ell}\Bigg|_{C_0,C_1,C_2}\right)\Bigg|_{C_0,C_1}\right)\right]+$$

$$\mathrm{Var}_{C_0,C_1}\left(E_{C_2}\left[\left(\frac{\sum_{\ell=1}^{L}N_\ell X_\ell\mid_{C_0}}{\sum_{\ell=1}^{L}N_\ell}+\frac{\sum_{\ell=1}^{L}N_\ell X_{S_\ell}\mid_{C_0,C_1}}{\sum_{\ell=1}^{L}N_\ell}+\right.\right.\right.$$

$$\frac{1}{\sum_{\ell=1}^{L} N_\ell} \sum_{\ell=1}^{L} \sum_{\ell=1}^{N_\ell} X_{R_\ell} \Big|_{C_0,C_1,C_2} \Big) \Big|_{C_0,C_1} \Big] \Big)$$

$$= E_{C_0,C_1}\left[\mathrm{Var}_{C_2}\left(\left(\frac{1}{\sum_{\ell=1}^{L} N_\ell} \sum_{\ell=1}^{L} \sum_{i=1}^{N_\ell} X_{R_\ell} \mid_{C_0,C_1,C_2}\right) \Big|_{C_0,C_1}\right)\right] +$$

$$\mathrm{Var}_{C_0,C_1}\left(\left(\frac{\sum_{\ell=1}^{L} N_\ell X_\ell \mid_{C_0}}{\sum_{\ell=1}^{L} N_\ell} + \frac{\sum_{\ell=1}^{L} N_\ell X_{S_\ell} \mid_{C_0,C_1}}{\sum_{\ell=1}^{L} N_\ell}\right) \Big|_{C_0,C_1}\right)$$

$$= E_{C_0,C_1}\left[\mathrm{Var}_{C_2}\left(\left(\frac{1}{\sum_{\ell=1}^{L} N_\ell} \sum_{\ell=1}^{L} N_\ell X_{R_\ell} \mid_{C_0,C_1,C_2}\right) \Big|_{C_0,C_1}\right)\right] +$$

$$\mathrm{Var}_{C_0,C_1}\left(\left(\frac{\sum_{\ell=1}^{L} N_\ell X_\ell \mid_{C_0}}{\sum_{\ell=1}^{L} N_\ell}\right) \Big|_{C_0,C_1}\right) +$$

$$\mathrm{Var}_{C_0,C_1}\left(\left(\frac{\sum_{\ell=1}^{L} N_\ell X_{S_\ell} \mid_{C_0,C_1}}{\sum_{\ell=1}^{L} N_\ell}\right) \Big|_{C_0,C_1}\right)$$

$$= \left(\frac{1}{\sum_{\ell=1}^{L} N_\ell}\right)^2 \sum_{\ell=1}^{L} N_\ell^{\,2} E_{C_0,C_1}\left[\mathrm{Var}_{C_2}\left(\left(X_{R_\ell} \mid_{C_0,C_1,C_2}\right) \mid_{C_0,C_1}\right)\right] +$$

$$\left(\frac{1}{\sum_{\ell=1}^{L} N_\ell}\right)^2 \sum_{\ell=1}^{L} N_\ell^{\,2} \mathrm{Var}_{C_0,C_1}\left(\left(X_\ell \mid_{C_0}\right) \mid_{C_0,C_1}\right) +$$

$$\left(\frac{1}{\sum_{\ell=1}^{L} N_\ell}\right)^2 \sum_{\ell=1}^{L} N_\ell^{\,2} \mathrm{Var}_{C_0,C_1}\left(\left(X_{S_\ell} \mid_{C_0,C_1}\right) \mid_{C_0,C_1}\right)$$

$$= \frac{1}{\left(\sum_{\ell=1}^{L} N_\ell\right)^2} \sum_{\ell=1}^{L} N_\ell^{\,2} \mathrm{Var}_{C_0,C_1,C_2}\left(Y_\ell \mid_{C_0,C_1,C_2}\right)$$

即有

$$\mathrm{Var}_{C_0,C_1,C_2}(\overline{Y}\mid_{C_0,C_1,C_2}) = \frac{1}{\left(\sum_{\ell=1}^{L} N_\ell\right)^2}\sum_{\ell=1}^{L} N_\ell^{\,2}\mathrm{Var}_{C_0,C_1,C_2}(Y_\ell\mid_{C_0,C_1,C_2}) \tag{2-110}$$

上述求取方法要求实验室提供：

①单次测得值的合成标准测量不确定度；

②测量次数。

2.7.3　比对加权平均值的测量不确定度分析

一般情况下，第 ℓ 个实验室的测得值均值 $\overline{y}_\ell = \overline{Y}_\ell\mid_{C_0,C_1,C_2}$，近似服从正态分布，对应的合成标准不确定度为 $u_c(\overline{y}_\ell)$。因此，第 ℓ 个实验室的均值服从 $N(\overline{y}_\ell, u_c^2(\overline{y}_\ell))$ 的分布。

设第 ℓ 个实验室的权为 $\dfrac{k_\ell}{\sum_{\ell=1}^{L} k_\ell}$，则加权平均值为

$$\overline{Y}\mid_{C_0,C_1,C_2} = \frac{\sum_{\ell=1}^{L} k_\ell \overline{Y}_\ell\mid_{C_0,C_1,C_2}}{\sum_{\ell=1}^{L} k_\ell} \tag{2-111}$$

其中权 $\dfrac{k_\ell}{\sum_{\ell=1}^{L} k_\ell}$ 的设定并不局限于测量次数，也可由测量不确定度或其他方式给出。

不考虑相关性，加权平均值对应的不确定度的概率表达式为

$$\mathrm{Var}_{C_0,C_1,C_2}(\overline{Y}\mid_{C_0,C_1,C_2}) = E_{C_0,C_1}[\mathrm{Var}_{C_2}((\overline{Y}\mid_{C_0,C_1,C_2})\mid_{C_0,C_1})] + \mathrm{Var}_{C_0,C_1}(E_{C_2}[(\overline{Y}\mid_{C_0,C_1,C_2})\mid_{C_0,C_1}])$$

$$= E_{C_0,C_1}\left[\mathrm{Var}_{C_2}\left(\left(\frac{\sum_{\ell=1}^{L} k_\ell \overline{Y}_\ell\mid_{C_0,C_1,C_2}}{\sum_{\ell=1}^{L} k_\ell}\right)\Bigg|_{C_0,C_1}\right)\right] +$$

$$\mathrm{Var}_{C_0,C_1}\left(E_{C_2}\left[\left(\frac{\sum_{\ell=1}^{L}k_\ell\overline{Y}_\ell\mid_{C_0,C_1,C_2}}{\sum_{\ell=1}^{L}k_\ell}\right)\Big|_{C_0,C_1}\right]\right)$$

$$=\frac{1}{\left(\sum_{\ell=1}^{L}k_\ell\right)^2}\sum_{\ell=1}^{L}k_\ell{}^2E_{C_0,C_1}[\mathrm{Var}_{C_2}((\overline{Y}_\ell\mid_{C_0,C_1,C_2})\mid_{C_0,C_1})]+$$

$$\frac{1}{\left(\sum_{\ell=1}^{L}k_\ell\right)^2}\sum_{\ell=1}^{L}k_\ell{}^2Var_{C_0,C_1}(E_{C_2}[(\overline{Y}_\ell\mid_{C_0,C_1,C_2})\mid_{C_0,C_1}])$$

$$=\frac{1}{\left(\sum_{\ell=1}^{L}k_\ell\right)^2}\sum_{\ell=1}^{L}k_\ell{}^2\mathrm{Var}_{C_0,C_1,C_2}(\overline{Y}_\ell\mid_{C_0,C_1,C_2})$$

所以有：

$$\mathrm{Var}_{C_0,C_1,C_2}(\overline{Y}\mid_{C_0,C_1,C_2})=\frac{1}{\left(\sum_{\ell=1}^{L}k_\ell\right)^2}\sum_{\ell=1}^{L}k_\ell{}^2\mathrm{Var}_{C_0,C_1,C_2}(\overline{Y}_\ell\mid_{C_0,C_1,C_2})\qquad(2-112)$$

显然，式(2－111)加权均值的不确定度的概率表达式可由式(2－112)给出。

第3章 测量不确定度的蒙特卡洛原理

3.1 伪随机数

随机数一般源于真实的随机事件，例如掷骰子、硬币等。由于这样的方法产生大量的随机数耗时费力，所以现在一般采用计算机算法生成大量的伪随机数。其基本方法是生成相互独立的，服从(0,1)均匀分布的伪随机数系列。其中均匀分布的随机变量定义如下。

在区间(a,b)，$a<b$内，若随机变量X的概率密度函数为

$$f(x)=\begin{cases}\dfrac{1}{b-a} & a<x<b \\ 0 & \text{其他}\end{cases}$$

则称随机变量X服从(a,b)的均匀分布，并有

$$E[X]=\frac{a+b}{2}$$

$$\mathrm{Var}(X)=\frac{1}{12}(b-a)^2$$

计算机生成服从独立的均匀分布的伪随机数系列的一种常用方法是剩同余法，即给定一个种子(即初始数)x_0，正数a和m，则当$n\geqslant 1$时，令

$$x_n=ax_{n-1} \quad \mathrm{mod} \quad m \tag{3-1}$$

式(3-1)的含义是第n个服从均匀分布的伪随机数x_n等于第$n-1$个伪随机数x_{n-1}与a的乘积ax_{n-1}除以m的余数。利用上述算法，数x_n在$0,1,\cdots,m-1$内取值，则x_n/m被称为近似服从(0,1)均匀分布的伪随机数。

显然，该算法在 n 达到一定值时必然产生重复的序列，为了尽可能避免这种重复，对于任意种子 x_0，a 和 m 的选择应满足：

①生成的随机数序列应近似显得服从独立的(0,1)均匀分布；

②n 的值应尽可能大；

③计算机生成随机数的效率要高。

显然 m 取一个较大的素数有助于在一定字长的计算机上满足以上条件，如在32位（首位为符号位）的计算机上，取 $m=2^{31}-1$ 和 $a=7^5=6807$ 产生的伪随机数最近似满足以上条件。

生成伪随机数的方法还有取中法、移位法、同余法等等。但在计算机统计模拟的使用者眼中，了解计算机能够生成独立的服从(0,1)的随机数就可以了。

3.2 蒙特卡洛方法

随机数最早应用于计算积分。如求取函数 $g(x)$ 在区间(0,1)的积分，即

$$\theta = \int_0^1 g(x)\,\mathrm{d}x$$

如果将 $g(x)$ 看作随机变量，则 x 可看作服从(0,1)均匀分布的随机变量 U，则根据概率理论有

$$\theta = E[g(U)] = \int_0^1 g(x)\,\mathrm{d}x$$

如果 $U_1,U_2\cdots,U_k$ 是独立的服从(0,1)均匀分布的随机变量，显然 $g(U_1),g(U_2),\cdots,g(U_k)$ 独立同分布，且期望为 θ，因此根据强大数定律，以概率100%，有

$$\sum_{i=1}^{k}\frac{g(U_i)}{k}\to E[g(U)] = \theta \quad 当\ k\to\infty$$

因此，通过生成大量的随机数 u_i，并计算所有 $g(u_i)$ 的均值，就可以近似计算出 θ，这一方法称为蒙特卡洛(Monte Carlo)方法。

如果要计算

$$\theta = \int_a^b g(x)\mathrm{d}x$$

则令 $y = \frac{x-a}{b-a}, \mathrm{d}y = \frac{\mathrm{d}x}{b-a}$，有

$$\theta = \int_0^1 g(a+(b-a)y)\cdot(b-a)\mathrm{d}y$$

则根据强大数定律，以概率 100%，有

$$\sum_{i=1}^{k} \frac{g(a+(b-a)U_i)(b-a)}{k} \to E[g(a+(b-a)U_i)(b-a)] = \theta$$

$$\text{当 } k \to \infty$$

同理，如果要计算

$$\theta = \int_0^{\infty} g(x)\mathrm{d}x$$

则令 $y = \frac{1}{x+1}, \mathrm{d}y = -\frac{\mathrm{d}x}{(x+1)^2}$，有

$$\theta = \int_0^1 \frac{g\left(\frac{1}{y}-1\right)}{y^2}\mathrm{d}y$$

则根据强大数定律，以概率 100%，有

$$\sum_{i=1}^{k} \frac{\frac{g\left(\frac{1}{U_i}-1\right)}{U_i^2}}{k} \to E\left[\frac{g\left(\frac{1}{U}-1\right)}{U^2}\right] = \theta \quad \text{当 } k \to \infty$$

显然，对于形如

$$\theta = \int_0^1\int_0^1\cdots\int_0^1 g(x_1,x_2,\cdots,x_n)\mathrm{d}x_1\mathrm{d}x_2\cdots\mathrm{d}x_n$$

的积分，有

$$E[\theta] = E[g(U_1,U_2,\cdots,U_n)]$$

根据强大数定律，以概率 100%，有

$$\sum_{i=1}^{k} \frac{g(U_1^{(i)},\cdots,U_n^{(i)})}{k} \to E[g(U_1,U_2,\cdots,U_n)] = \theta \quad \text{当 } k \to \infty$$

根据以上原理,从均匀分布的随机变量出发,可以生成任何已知分布的随机变量。如三角分布、梯形分布、正态分布等,不一而足。由于目前大多数计算工具都提供各种分布的随机数模拟函数,因此对于不确定度评定的使用者而言,知道计算机系统能够生成所需分布随机数的函数即可。

3.3 蒙特卡洛方法的样本均值和样本方差

设 $X_1, X_2, \cdots, X_n$ 是独立同分布的随机变量,每个随机变量的期望和方差均为 $\theta = E[X_i]$ 和 $\sigma^2 = \mathrm{Var}(X_i)$,则 n 个数据的数学平均值

$$\overline{X} \equiv \sum_{i=1}^{n} \frac{X_i}{n}$$

称为样本均值。实践中,常用样本均值作为期望 θ 的近似值,这是因为

$$\begin{aligned} E[\overline{X}] &= E\left[\sum_{i=1}^{n} \frac{X_i}{n}\right] \\ &= \sum_{i=1}^{n} \frac{E[X_i]}{n} \\ &= \frac{n\theta}{n} \\ &= \theta \end{aligned}$$

而判断上述条件下的 $\overline{X}$ 作为 θ 估计值的“质量”指标为 $\overline{X}$ 与 θ 的均方差的期望,即

$$\begin{aligned} E[(\overline{X} - \theta)^2] &= \mathrm{Var}(\overline{X}) \\ &= \mathrm{Var}\left(\sum_{i=1}^{n} \frac{X_i}{n}\right) \\ &= \frac{1}{n^2} \sum_{i=1}^{n} \mathrm{Var}(X_i) \\ &= \frac{\sigma^2}{n} \end{aligned}$$

因此，蒙特卡洛方法模拟出的 n 个数据 $X_1, X_2, \cdots, X_n$ 的样本均值 $\overline{X}$ 是一个具有期望 θ、方差 $\frac{\sigma^2}{n}$ 的随机变量。由于一个随机变量只有一个方差，因此如果 $\frac{\sigma^2}{n}$ 越小，则 $\overline{X}$ 越近似等于 θ，或者说，蒙特卡洛方法模拟的结果 $\overline{X}$ 的“质量”随着 $\frac{\sigma^2}{n}$ 的减小而增加。

但是在有的情况下，无法知道方差 σ^2 或计算不方便，为了简便，从而使用样本方差近似代替，其定义为

$$s^2 = \frac{\sum_{i=1}^{n}(X_i - \overline{X})^2}{n-1} \tag{3-2}$$

式(3－2)取期望，有

$$\begin{aligned}
E[s^2] &= E\left[\frac{\sum_{i=1}^{n}(X_i - \overline{X})^2}{n-1}\right] \\
&= \frac{1}{n-1}E\left[\sum_{i=1}^{n}(X_i^2 - 2X_i\overline{X} + \overline{X}^2)\right] \\
&= \frac{1}{n-1}E\left[\sum_{i=1}^{n}X_i^2 - n\overline{X}^2\right] \\
&= \frac{n}{n-1}(E[X_1^2] - E[\overline{X}^2]) \\
&= \frac{n}{n-1}[\mathrm{Var}(X_1) + (E[X_1])^2 - \mathrm{Var}(\overline{X}) - (E[\overline{X}^2])^2] \\
&= \frac{n}{n-1}\left[\sigma^2 + \theta^2 - \frac{\sigma^2}{n} - \theta^2\right] = \sigma^2
\end{aligned}$$

因此在实践中，常用蒙特卡洛方法生成的随机数的样本方差作为 σ^2 的近似值。换言之，蒙特卡洛方法模拟出的 n 个数据 $X_1, \cdots, X_n$ 的样本均值 $\overline{X}$ 是一个具有期望 θ、方差 $\frac{\sigma^2}{n}$ 的随机变量。其期望 θ 的最佳估计值为 $\overline{X}$，方差的估计值为 $\frac{s^2}{n}$。因此如果 $\frac{s^2}{n}$ 越小，则 $\overline{X}$ 越近似

等于 θ。或者说,蒙特卡洛方法模拟的结果 $\overline{X}$ 的“质量”随着$\frac{s^2}{n}$的减小而增加。

根据定理 4,以样本均值形成的随机变量$\frac{\overline{X}-\theta}{s/\sqrt{n}}$服从 $t(n-1)$ 分布。

3.4 蒙特卡洛方法评定测量不确定度模拟方法的重要定理

定理 3.1:设随机变量 $X_1, X_2, \cdots, X_n$ 独立同分布,且期望为 μ,方差 σ^2,则有

$$E\left[\frac{1}{n}\sum_{i=1}^{n}X_i^2-\left(\frac{1}{n}\sum_{i=1}^{n}X_i\right)^2\right]=\frac{n-1}{n}\sigma^2 \qquad (3-3)$$

$$\mathrm{Var}\left(\frac{1}{n}\sum_{i=1}^{n}X_i^2-\left(\frac{1}{n}\sum_{i=1}^{n}X_i\right)^2\right)=\frac{\mathrm{Var}((X_i-\mu)^2)}{n} \qquad (3-4)$$

证明 1:

$$E\left[\frac{1}{n}\sum_{i=1}^{n}X_i^2-\left(\frac{1}{n}\sum_{i=1}^{n}X_i\right)^2\right]=E\left[\frac{1}{n}\sum_{i=1}^{n}X_i^2\right]-E\left[\left(\frac{1}{n}\sum_{i=1}^{n}X_i\right)^2\right]$$

$$=E\left[\frac{1}{n}\sum_{i=1}^{n}X_i^2\right]-E\left[\frac{1}{n^2}\sum_{i=1}^{n}X_i^2+\frac{2}{n^2}\sum_{i=1}^{n-1}\sum_{j=i+1}^{n}X_iX_j\right]$$

$$=E\left[\frac{1}{n}\sum_{i=1}^{n}X_i^2\right]-E\left[\frac{1}{n^2}\sum_{i=1}^{n}X_i^2\right]-\frac{2}{n^2}\sum_{i=1}^{n-1}\sum_{j=i+1}^{n}E[X_iX_j]$$

$$=E\left[\frac{1}{n}\sum_{i=1}^{n}X_i^2\right]-E\left[\frac{1}{n^2}\sum_{i=1}^{n}X_i^2\right]-\frac{2}{n^2}\sum_{i=1}^{n-1}\sum_{j=i+1}^{n}\mu^2$$

$$=E\left[\frac{1}{n}\sum_{i=1}^{n}X_i^2\right]-E\left[\frac{1}{n^2}\sum_{i=1}^{n}X_i^2\right]-\frac{(n-1)\mu^2}{n}$$

$$=\frac{n-1}{n^2}\sum_{i=1}^{n}E[X_i^2]-\frac{(n-1)\mu^2}{n}$$

$$= \frac{n-1}{n^2}\sum_{i=1}^{n} E[(X_i - \mu + \mu)^2] - \frac{(n-1)\mu^2}{n}$$

$$= \frac{n-1}{n^2}\sum_{i=1}^{n} E[(X_i - \mu)^2 + 2\mu(X_i - \mu) + \mu^2] - \frac{(n-1)\mu^2}{n}$$

$$= \frac{n-1}{n^2}\sum_{i=1}^{n} E[(X_i - \mu)^2]$$

$$= \frac{n-1}{n^2}\sum_{i=1}^{n} [E[(X_i - \mu)^2] - (E[X_i - \mu]^2]$$

$$= \frac{n-1}{n}\sigma^2$$

证明 2：

$$\mathrm{Var}\left(\frac{1}{n}\sum_{i=1}^{n} X_i^2 - \left(\frac{1}{n}\sum_{i=1}^{n} X_i\right)^2\right)$$

$$= \mathrm{Var}\left(\frac{1}{n}\sum_{i=1}^{n} (X_i - \mu + \mu)^2 - \left[\frac{1}{n}\sum_{i=1}^{n} (X_i - \mu + \mu)\right]^2\right)$$

$$= \mathrm{Var}\left(\frac{1}{n}\sum_{i=1}^{n} [(X_i - \mu)^2 + 2\mu(X_i - \mu) + \mu^2] - \left\{\left[\frac{1}{n}\sum_{i=1}^{n} (X_i - \mu)\right]^2 + 2\mu\left[\frac{1}{n}\sum_{i=1}^{n} (X_i - \mu)\right] + \mu^2\right\}\right)$$

$$= \mathrm{Var}\left(\frac{1}{n}\sum_{i=1}^{n} (X_i - \mu)^2 - \left[\frac{1}{n}\sum_{i=1}^{n} (X_i - \mu)\right]^2\right)$$

$$= \mathrm{Var}\left(\frac{1}{n}\sum_{i=1}^{n} (X_i - \mu)^2\right)$$

$$= \frac{\mathrm{Var}((X_i - \mu)^2)}{n}$$

推论 3.1：设随机变量 $X_1, X_2, \cdots, X_n$ 独立同分布，且期望为 0，方差 σ^2，则有

$$E\left[\frac{1}{n}\sum_{i=1}^{n} X_i^2\right] = \frac{n-1}{n}\sigma^2 \tag{3-5}$$

$$\mathrm{Var}\left[\frac{1}{n}\sum_{i=1}^{n} X_i^2\right] = \frac{\mathrm{Var}(X_i^2)}{n} \tag{3-6}$$

3.5 测量不确定度蒙特卡洛方法评定原理公式

3.5.1 条件Ⅰ下测量不确定度的蒙特卡洛方法

依据2.6.1条件Ⅰ下的概率分析和2.6.5，条件Ⅰ下的单次测得值的合成标准测量不确定度为

$$u_c^2(y) = u_A^2(y) + u_B^2(y)$$
$$= s^2(y) + \mathrm{Var}_{C_0,C_1}(E_{C_2}[(Y|_{C_0,C_1,C_2})|_{C_0,C_1}])$$

因为 $E_{C_0,C_1,C_2}[(Y|_{C_0,C_1,C_2})|_{C_0,C_1}]$ 为一常数，$\mathrm{Var}(X) = E[X^2] - (EX)^2$ 所以有

$$u_c^2(y) = s^2(y) + \mathrm{Var}_{C_0,C_1}(E_{C_2}[(Y|_{C_0,C_1,C_2})|_{C_0,C_1}] - E_{C_0,C_1,C_2}[(Y|_{C_0,C_1,C_2})|_{C_0,C_1}])$$
$$= s^2(y) + E_{C_0,C_1}[\{E_{C_2}[(Y|_{C_0,C_1,C_2})|_{C_0,C_1}] - E_{C_0,C_1,C_2}[(Y|_{C_0,C_1,C_2})|_{C_0,C_1}]\}^2]$$

即

$$u_c^2(y) = s^2(y) + E_{C_0,C_1}[\{E_{C_2}[(Y|_{C_0,C_1,C_2})|_{C_0,C_1}] - E_{C_0,C_1,C_2}[(Y|_{C_0,C_1,C_2})|_{C_0,C_1}]\}^2] \quad (3-7)$$

相应的条件Ⅰ下的测得值均值的合成标准测量不确定可表示为

$$u_c^2(\bar{y}) = \frac{1}{n}s^2(y) + E_{C_0,C_1}[\{E_{C_2}[(Y|_{C_0,C_1,C_2})|_{C_0,C_1}] - E_{C_0,C_1,C_2}[(Y|_{C_0,C_1,C_2})|_{C_0,C_1}]\}^2] \quad (3-8)$$

式(3-7)称为单次测得值的合成标准测量不确定度的蒙特卡洛方法评定原理公式，式(3-8)称为均值的合成标准测量不确定度的蒙特卡洛方法评定原理公式。

特别地，将

$$u_B^2(y) = E_{C_0,C_1}[\{E_{C_2}[(Y|_{C_0,C_1,C_2})|_{C_0,C_1}] - E_{C_0,C_1,C_2}[(Y|_{C_0,C_1,C_2})|_{C_0,C_1}]\}^2] \quad (3-9)$$

称为条件Ⅰ下标准不确定度 $u_B(y)$ 的蒙特卡洛方法评定原理公式。

一般在条件Ⅰ下，一组测量工作完成后，计量人员获得如下信息：

①测量方程

$$Y=f(X_1,\cdots,X_n)$$

②在测量条件 C_0,C_1,C_3 下，对于第Ⅱ类总体，还可知输入量 $X_i|_{C_0,C_1,C_2}$ 的方程

$$X_i|_{C_0,C_1,C_2}=x_{\text{true}_i}+X_{S_i}|_{C_0,C_1}+X_{R_i}|_{C_0,C_1,C_2} \tag{3-10}$$

③在测量条件 C_0,C_1,C_3 下获得输入量的一组测得值

$$X_1:x_{11},x_{12},\cdots,x_{1k}$$

$$\vdots$$

$$X_n:x_{n1},x_{n2},\cdots,x_{nk}$$

④由上述测得值，依据测量方程可导出被测量的一组测得值

$$Y:y_1,y_2,\cdots,y_k$$

⑤通过计算，由测得值获得的输入量和被测量的平均值和测得值的样本方差

$$\bar{y},\bar{x}_1,\bar{x}_2,\cdots,\bar{x}_n$$

$$s^2(y),s^2(x_1),s^2(x_2),\cdots,s^2(x_n)$$

⑥根据有效信息，可估计 $X_{S_i}|_{C_0,C_1}$ 在数字特征和概率密度函数 $f_{X_{S_i}}(x)$。

基于以上信息，式(3-9)的一种基本的蒙特卡洛模拟算法为：

【算法 3.1】

①依次对应第 i 个输入量 $X_i|_{C_0,C_1,C_2}$，依据估计的 $X_{S_i}|_{C_0,C_1}$，$i=1,2,\cdots,n$ 的概率密度函数 $f_{X_{S_i}}(x)$，分别模拟期望为 $E[X_{S_i}]$，方差为 $\mathrm{Var}(X_{S_i})$ 的 1 个随机数 $(x_{S_i})_{k_S}$，将 n 个对应的随机数作为 $X_{S_i}|_{C_0,C_1}$，$i=1,2,\cdots,n$ 的一个样本点 $((x_{S_1})_{k_S},(x_{S_2})_{k_S},\cdots,(x_{S_n})_{k_S})$。

②依次对应第 i 个输入量 $X_i|_{C_0,C_1,C_2}$，按正态分布，模拟期望为0，样本方差为 $s^2(x_i)$ 的1个随机数 $(x_{R_i})_{k_R}$，将 n 个对应的随机数作为 $X_{R_i}|_{C_0,C_1,C_2}$，$i=1,2,\cdots,n$ 的一个样本点 $((x_{R_1})_{k_R},(x_{R_2})_{k_R},\cdots,(x_{R_n})_{k_R})$。

③依据式(3-10)，计算对应的输入量 $X_i|_{C_0=c_{0,i,k_R},C_1=c_{1,i,k_R},C_2=c_{1,i,k_R}}=\bar{x}_i+(x_{S_i})_{k_S}+(x_{R_i})_{k_R}$ 的1个样本点，从而形成输入量的一个样本点 $(x_1,x_2,\cdots,x_n)$，将该样本点代入测量方程 $Y|_{C_0,C_1,C_2}=f(X_1,X_2,\cdots,X_n)$，生成一个 $Y|_{C_0,C_1,C_2}$ 的样本点。

④重复②~③，直至生成 $Y|_{C_0,C_1,C_2}$ 的 K_R 个的样本点，把这 K_R 个样本点的均值作为 $E_{C_2}[(Y|_{C_0,C_1,C_2})|_{C_0,C_1}]$ 的一个样本点，并计算 $Y|_{C_0,C_1,C_2}$ 的 K_R 个值的和。

⑤重复①~④共生成 $E_{C_2}[(Y|_{C_0,C_1,C_2})|_{C_0,C_1}]$ 的 K_S 个样本点，并计算 $Y|_{C_0,C_1,C_2}$ 的 $K_S\cdot K_R$ 个样本点的均值。

⑥依据公式

$$\{E_{C_2}[(Y|_{C_0,C_1,C_2})|_{C_0,C_1}]-E_{C_0,C_1,C_2}[(Y|_{C_0,C_1,C_2})|_{C_0,C_1}]\}^2$$

计算 $E_{C_2}[(Y|_{C_0,C_1,C_2})|_{C_0,C_1}]$ 的 K_S 个样本点与 $Y|_{C_0,C_1,C_2}$ 的 $K_S\cdot K_R$ 个样本点均值的差的平方，K_S 个该差的平方的均值即为式(3-9)：

$$E_{C_0,C_1}[\{E_{C_2}[(Y|_{C_0,C_1,C_2})|_{C_0,C_1}]-E_{C_0,C_1,C_2}[(Y|_{C_0,C_1,C_2})|_{C_0,C_1}]\}^2]$$

的估计。依据定理3.1及推论，K_S 个该差的平方均值的样本方差即模拟的样本方差。

【例3.1】标称值10kg砝码的校准(根据欧洲认可合作组织提供的实例改写)

用性能已测定的质量比较仪，通过与同样标称值的F2级参考标准砝码进行比较，对标称值为10kg的M1级砝码进行校准。两砝码的质量差由3次测量的平均值给出。

(1)测量方程

被校准砝码折算质量为

$$m_x = m_s + \delta m_s + \delta m_D + \Delta m + \delta m_C + \delta B \tag{3-11}$$

式中：m_s——标准砝码的标称质量，$m_s = 10000.005\text{g}$；

δm_s——标准砝码的标称质量与上次校准时其实际质量的偏离；

δm_D——自最近一次校准以来标准砝码质量的漂移；

Δm——被校准砝码与标准砝码的质量差；

δm_C——比较仪的偏心度和磁效应的恒定影响；

δB——空气浮力的恒定影响。

（2）条件分析

根据测量过程可知，标称值 10kg 砝码的校准近似符合条件 Ⅰ 下的测量，其中：

①被测量真值满足

$$X|_{C_0} = m_{x\text{true}}$$

②测量系统影响

$$X_S|_{C_0=c_{0,t},C_1=c_{1,t}} = (m_s + \delta m_s + \delta m_D + \delta m_C + \delta B)|_{C_0=c_{0,t},C_1=c_{1,t}} - m_{x\text{true}} + E_{C_2}[\Delta m|_{C_0=c_{0,t},C_1=c_{1,t},C_2}]$$

③测量随机影响

$$X_R|_{C_0=c_{0,t},C_1=c_{1,t},C_2=c_{2,t}} = \Delta m|_{C_0=c_{0,t},C_1=c_{1,t},C_2=c_{2,t}} - E_{C_2}[\Delta m|_{C_0=c_{0,t},C_1=c_{1,t},C_2}]$$

（3）蒙特卡洛方法评定公式的建立

根据以上分析，可知测得值

$$Y|_{C_0=c_{0,t},C_1=c_{0,t},C_2=c_{2,t}} = (m_s + \delta m_s + \delta m_D + \delta m_C + \delta B)|_{C_0=c_{0,t},C_1=c_{1,t}} + \Delta m|_{C_0=c_{0,t},C_1=c_{1,t},C_2=c_{2,t}}$$

对应的随机变量方程为

$$Y|_{C_0,C_1,C_2} = (m_s + \delta m_s + \delta m_D + \delta m_C + \delta B)|_{C_0,C_1} + \Delta m|_{C_0,C_1,C_2} \tag{3-12}$$

（4）已知信息分析（表 3－1）

表 3-1 已知影响概率分布

随机变量	输入量对应恒定影响量的估算范围	概率分布	期望/mg	标准差/mg
$\delta m_s \mid_{C_0,C_1}$	$[-\infty,\infty]$	正态	0	22.5
$\delta m_D \mid_{C_0,C_1}$	$[-15,15]$	矩形	0	$\frac{15}{\sqrt{3}}$
$\delta m_C \mid_{C_0,C_1}$	$[-10,10]$	矩形	0	$\frac{10}{\sqrt{3}}$
$\delta B \mid_{C_0,C_1}$	$[-10,10]$	矩形	0	$\frac{10}{\sqrt{3}}$
$\Delta m \mid_{C_0,C_1,C_2}$	$[-\infty,\infty]$	正态	0	25

(5)使用 Mathcad 计算测得值的平均值 $\overline{m}_x$ 的 B 类标准测量不确定度 u_B 的蒙特卡洛程序

①设定 $X_S \mid_{C_0,C_1}$ 的模拟次数 KS 和 $X_R \mid_{C_0,C_1,C_2}$ 的模拟次数 KR,即

$$KS:=10^6 \quad KR:=10^3$$

②求取 $X_S \mid_{C_0,C_1}$ 在给定条件下即 $X_S \mid_{C_0=c_{0,t},C_1=c_{1,t}}$ 时测量结果均值的期望,即

$$E_{C_2}[(Y\mid_{C_0,C_1,C_2})\mid_{C_0,C_1}]$$

```
y:=for i∈0..KS-1
    | ms←rnorm(1,0,22,5)
    | md←runif(1,-15,15)
    | mc←runif(1,-10,10)
    | detB←runif(1,-10,10)
    | detm←rnorm(KR,0,25)
    | mx←10000005+(ms0+md0+cm0+detB0+mean(detm))
    | xi←mx
    | x
```

③求取 $E_{C_0,C_1,C_2}[(Y\mid_{C_0,C_1,C_2})\mid_{C_0,C_1}]$

$$\text{average}:=\frac{\sum y}{KS}=1\times10^7$$

④求取$(E_{C_2}[(Y|_{C_0,C_1,C_2})|_{C_0,C_1}]-E_{C_0,C_1,C_2}[(Y|_{C_0,C_1,C_2})|_{C_0,C_1}])^2$

$$y:=(y-\text{average})^2$$

⑤求取 $E_{C_0,C_1}[(E_{C_2}[(Y|_{C_0,C_1,C_2})|_{C_0,C_1}]-E_{C_0,C_1,C_2}$
$[(Y|_{C_0,C_1,C_2})|_{C_0,C_1}]^2]$所对应的 B 类标准测量不确定度

$$\sqrt{\text{mean}(y)}=25.5$$

⑥求取评价指标

$$\frac{\text{stdev}(y)}{\sqrt{KS}}=0.918$$

模拟次数的影响见表 3－2～表 3－4。

表 3－2　当 KS 确定时，模拟次数 KR 的影响

评价指标	$KS=10^6$，$KR=10^0$	$KS=10^6$，$KR=10^1$	$KS=10^6$，$KR=10^2$	$KS=10^6$，$KR=10^3$	$KS=10^6$，$KR=10^4$
$\sqrt{\text{mean}(y)}$	35.669	26.626	25.583	25.500	25.432
$\frac{\text{stedv}(y)}{\sqrt{KS}}$	1.797	0.998	0.921	0.918	0.911

注：$\sqrt{\text{mean}(y)}$的理论值为 25.45253。

从表 3－2 可以看出，模拟次数 KR 对 B 类标准测量不确定度$\sqrt{\text{mean}(y)}$的结果有很大影响，根据程序及 2.6.1 的分析，将式(3－12)代入式(3.9)有

$$u_B^2(m_x)=E_{C_0,C_1}[\{[(\delta m_s+\delta m_D+\delta m_C+\delta B)|_{C_0,C_1}]|_{C_0,C_1}-E_{C_0,C_1}[[(\delta m_s+\delta m_D+\delta m_C+\delta B)|_{C_0,C_1}]|_{C_0,C_1}]\}^2]\quad(3-13)$$

则改进的 B 类标准测量不确定度蒙特卡洛评定源代码为

$$KS:=10^6$$

y:for $i\in0..KS-1$

```
ms←rnorm(1,0,22,5)
md←runif(1,-15,15)
mc←runif(1,-10,10)
detB←runif(1,-10,10)
mx←(ms_0 + md_0 + cm_0 + detB_0)
x_i←mx
x
```

$$\text{average}: \frac{\sum y}{KS} = -2.048\times10^{-3}$$

$$y := (y - \text{average})^2$$

$$\sqrt{\text{mean}(y)} = 25.417$$

$$\frac{\text{stdev}(y)}{\sqrt{KS}} = 0.91$$

表 3－3　当模拟次数 KS 的影响

评价指标	$KS=10^1$	$KS=10^2$	$KS=10^3$	$KS=10^4$	$KS=10^5$	$KS=10^6$	$KS=10^7$
$\sqrt{\text{mean}(y)}$	20.328	23.384	25.904	25.495	25.487	25.417	25.441
$\frac{\text{stedv}(y)}{\sqrt{KS}}$	152.408	72.393	29.997	9.262	2.885	0.910	0.288

表 3－4　当模拟次数 $KS=10^7$ 不变时多次模拟的情况

评价指标	1	2	3	4	5	6	7	8	9	10
$\sqrt{\text{mean}(y)}$	25.449	25.461	25.459	25.458	25.463	25.456	25.455	25.444	25.468	25.453
$\frac{\text{stedv}(y)}{\sqrt{KS}}$	0.288	0.288	0.288	0.288	0.289	0.288	0.288	0.288	0.288	0.288

从表 3－3 可知，模拟质量随着模拟次数的增加而提高。从表 3－4可知，当 $KS=10^7$ 时，尽管模拟质量基本不变，但是模拟结果

并不唯一。

(6)合成标准不确定度

由过去测量得到的合并样本标准偏差 $s_p(\Delta m)=25\text{mg}$,因此,三次测量平均值的A类标准测量不确定度 $u_A(\overline{m}_x)=\sqrt{\frac{1}{n}s^2(y)}$ 为

$$u_A(\overline{m}_x)=u_A(\overline{\Delta m})=\frac{25}{\sqrt{3}}=14.4\text{mg}$$

$$u_c(\overline{m}_x)=\sqrt{u_A^2(\overline{m}_x)+u_B^2(m_x)}\approx 29.3\text{mg}$$

【例3.2】标称长度50mm量块的校准

标称长度50mm 0级量块的校准是在长度比较仪上通过比较测量而完成的。标准量块已经过校准,并且与被校准量块具有相同的标称长度及相同的材料。两量块在垂直放置时的中心长度差用一台与量块上工作面相接触的长度指示器测定。

(1)测量方程

$$l_x=\frac{(l_s+\delta l_s+\delta l_D)(1+a_s\theta_s)+\Delta l+\delta l_C+\delta l_V}{1+a_x\theta_x} \tag{3-14}$$

式中:l_x——标准参考温度20℃下被校量块的长度;

a_x——被校准量快的线膨胀系数;

θ_x——被校准量块在测量状态下的温度与参考温度20℃的偏差;

l_s——标准参考温度20℃下标准量块的标称长度,为50000020nm;

δl_s——标准参考温度20℃下标准量块上次校准的标称长度与当时实际质量的偏离;

δl_D——标准参考温度20℃下,当前标准量块实际质量自上一次校准以来的漂移;

a_s——标准量快的线膨胀系数;

θ_s——标准量块在测量状态下的温度与参考温度20℃的偏差;

Δl——测量到的量量块的长度差;

δl_C——比较仪的偏置和非线性对测量结果的影响;

δl_V——当测量点偏离量块中心时量块长度变动量对测量结果的影响。

(2)条件分析

根据测量过程可知,标称长度50mm 0级量块的校准近似符合条件Ⅰ下的测量,其中

①被测量真值满足

$$X|_{C_0}=20℃=\ell_{\text{xtrue}}$$

②测量系统影响

$$X_S|_{C_0=c_{0,t},C_1=c_{1,t}}=\frac{(l_s+\delta l_s+\delta l_D)(1+a_s\theta_s)+\delta l_C+\delta l_V}{1+a_x\theta_x}|_{C_0=c_{0,t},C_1=c_{1,t}}-\ell_{\text{xtrue}}+E_{C_2}\left[\frac{\Delta l}{1+a_x\theta_x}|_{C_0=c_{0,t},C_1=c_{1,t},C_2}\right]$$

③测量随机影响

$$X_R|_{C_0=c_{0,t},C_1=c_{1,t},C_2=c_{2,t}}=\frac{\Delta l}{1+a_x\theta_x}|_{C_0=c_{0,t},C_1=c_{1,t},C_2=c_{2,t}}-E_{C_2}\left[\frac{\Delta l}{1+a_x\theta_x}|_{C_0=c_{0,t},C_1=c_{1,t},C_2}\right]$$

(3)蒙特卡洛方法评定公式的建立

根据以上分析,可知测得值

$$Y|_{C_0=c_{0,t},C_1=c_{0,t},C_2=c_{2,t}}=\frac{(l_s+\delta l_s+\delta l_D)(1+a_s\theta_s)+\delta l_C+\delta l_V}{1+a_x\theta_x}|_{C_0=c_{0,t},C_1=c_{1,t}}+\frac{\Delta l}{1+a_x\theta_x}|_{C_0=c_{0,t},C_1=c_{1,t},C_2}$$

对应的随机变量方程为

$$Y|_{C_0,C_1,C_2}=\frac{(l_s+\delta l_s+\delta l_D)(1+a_s\theta_s)+\delta l_C+\delta l_V}{1+a_x\theta_x}|_{C_0,C_1}+\frac{\Delta l}{1+a_x\theta_x}|_{C_0,C_1,C_2} \tag{3-15}$$

将式(3-15)代入式(3-9),有

$$u_{\text{B}}^2(y)=E_{C_0,C_1}\left[\left\{E_{C_2}\left[\left[(l_s+\delta l_s+\delta l_D)\frac{(1+a_s\theta_s)+\delta l_C+\delta l_V}{1+a_x\theta_x}\right|_{C_0,C_1}\right]\right|_{C_0,C_1}\right]$$

$$-E_{C_0,C_1,C_2}\left[\left[(l_s+\delta l_s+\delta l_D)\frac{(1+a_s\theta_s)+\delta l_C+\delta l_V}{1+a_x\theta_x}\bigg|_{C_0,C_1}\right]\bigg|_{C_0,C_1}\right]\Big\}^2\Big]$$

所以，令

$$X_S\big|_{C_0,C_1}=\frac{(l_s+\delta l_s+\delta l_D)(1+a_s\theta_s)+\delta l_C+\delta l_V}{1+a_x\theta_x}\bigg|_{C_0,C_1} \quad (3-16)$$

(4)已知信息分析(表 3-5)

表 3-5　已知影响概率分布

随机变量	输入量对应恒定影响量的估算范围	概率分布	期望/nm	标准差/nm
δl_s	$[-\infty,\infty]$	正态	0	17.4
δl_D	$[-30,30]$	矩形	0	$\frac{30}{\sqrt{3}}$
δl_C	$[-32,32]$	矩形	0	$\frac{32}{\sqrt{3}}$
δl_V	$[-10,10]$	矩形	0	$\frac{10}{\sqrt{3}}$
a_s	$[-1\times10^{-6},1\times10^{-6}]$	矩形	0	$\frac{1\times10^{-6}}{\sqrt{3}}$
a_x	$[-1\times10^{-6},1\times10^{-6}]$	矩形	0	$\frac{1\times10^{-6}}{\sqrt{3}}$
θ_s	$[-0.05,0.05]$	矩形	0	$\frac{0.05}{\sqrt{3}}$
θ_x	$[-0.05,0.05]$	矩形	0	$\frac{0.05}{\sqrt{3}}$

(5)使用 Mathcad 计算测得值的平均值 $\bar{l}_X$ 的 B 类标准测量不确定度 u_B 的蒙特卡洛程序

KS: $=10^7$

y: for i ∈ 0.. KS − 1

```
deltls←rnorm(1,0,17.5)
deltld←runif(1,-30,30)
deltlc←runif(1,-32,32)
deltlv←runif(1,-10,10)
as←runif(1,-10.5·10^-6,12.5·10^-6)
ax←runif(1,-10.5·10^-6,12.5·10^-6)
θs←runif(1,-0.05,0.05)
θx←runif(1,-0.05,0.05)
```

$$mx \leftarrow \frac{[(50000020 + deltls_0 + deltld_0)\cdot(1 + as_0\cdot\theta s_0) + deltlc_0 + deltlv_0]}{1 + ax_0\cdot\theta x_0}$$

$x_i \leftarrow mx$

x

$$average:\frac{\sum y}{KS} = 5\times10^7$$

$y: = (y - average)^2$

$\sqrt{mean(y)} = 34.135$

$$\frac{stdev(y)}{\sqrt{KS}} = 0.497$$

(6)合成标准测量不确定度

基于测量数据可知$u_A^2(\bar{l}_x) = \dfrac{16^2}{5}$,因此

$$u_c(\bar{l}_x) = \sqrt{u_A^2(\bar{l}_x) + u_B^2(\bar{l}_x)} = 34.8\text{nm}$$

(7)讨论

原例子第一种 GUM 法获得的合成标准不确定度为 36nm,第二种 GUM 法获得的合成标准不确定度为 38nm。这种差异由模型差异、评定方法和计算时的近似引入。

【例 3.3】18GHz 频率点功率传感器的校准

(1)测量方程

被校准传感器的校准因子可表示为

$$K_x = (K_s + \delta K_D)\frac{M_{Sr}M_{Xc}}{M_{Sc}M_{Xr}}p_{c_r}p_{c_c}p \tag{3-17}$$

式中：K_x——被校准传感器的校准因子；

K_s——参考功率传感器的校准因子；

δK_D——自上次校准以来，由漂移引起的参考功率传感器校准因子的变化；

M_{Sr}——在参考频率处参考传感器的失配因子；

M_{Sc}——在校准频率处参考传感器的失配因子；

M_{Xr}——在参考频率处被校准传感器的失配因子；

M_{Xc}——在校准频率处被校准传感器的失配因子；

p_{c_r}——由于功率计的非线性和有限分辨力，在参考频率的功率比电平上观测到的比值修正；

p_{c_c}——由于功率计的非线性和有限分辨力，在校准频率的功率比电平上观测到的比值修正；

p——由测量并计算获得的观测功率比的测得值。

(2)条件分析

根据测量过程可知，该校准近似符合条件Ⅰ下的测量，其中：

①被测量真值满足

$$X\mid_{C_0} = K_{x\text{true}}$$

②测量系统影响

$$X_S\mid_{C_0=c_{0,t},C_1=c_{1,t}} = (K_s + \delta K_D)\frac{M_{Sr}M_{Xc}}{M_{Sc}M_{Xr}}p_{c_r}p_{c_c}p\mid_{C_0=c_{0,t},C_1=c_{1,t}} - K_{s\text{true}} + E_{C_2}\left[(K_s + \delta K_D)\frac{M_{Sr}M_{Xc}}{M_{Sc}M_{Xr}}p_{c_r}p_{c_c}p\mid_{C_0=c_{0,t},C_1=c_{1,t},C_2}\right]$$

③测量随机影响

$$X_R\mid_{C_0=c_{0,t},C_1=c_{1,t},C_2=c_{2,t}} = (K_s + \delta K_D)\frac{M_{Sr}M_{Xc}}{M_{Sc}M_{Xr}}p_{c_r}p_{c_c}p\mid_{C_0=c_{0,t},C_1=c_{1,t},C_2=c_{2,t}} - E_{C_2}\left[(K_s + \delta K_D)\frac{M_{Sr}M_{Xc}}{M_{Sc}M_{Xr}}p_{c_r}p_{c_c}p\mid_{C_0=c_{0,t},C_1=c_{1,t},C_2}\right]$$

(3)蒙特卡洛方法评定公式的建立

根据以上分析,可知无法有效分离 p,则测得值可表示为

$$Y\mid_{C_0=c_{0,t},C_1=c_{0,t},C_2=c_{2,t}}=(K_s+\delta K_D)\frac{M_{Sr}M_{Xc}}{M_{Sc}M_{Xr}}p_{c_r}p_{c_c}p\mid_{C_0=c_{0,t},C_1=c_{1,t},C_2=c_{2,t}}$$

对应的随机变量方程为

$$Y\mid_{C_0,C_1,C_2}=(K_s+\delta K_D)\frac{M_{Sr}M_{Xc}}{M_{Sc}M_{Xr}}p_{c_r}p_{c_c}p\mid_{C_0,C_1,C_2} \quad (3-18)$$

将式(3-18)代入式(3-9),有

$$u_{\mathrm{B}}^2(y)=E_{C_0,C_1}\left[\left\{E_{C_2}\left[\left[(K_s+\delta K_D)\frac{M_{Sr}M_{Xc}}{M_{Sc}M_{Xr}}p_{c_r}p_{c_c}p\mid_{C_0,C_1,C_2}\right]\mid_{C_0,C_1}\right]-E_{C_0,C_1,C_2}\left[\left[(K_s+\delta K_D)\frac{M_{Sr}M_{Xc}}{M_{Sc}M_{Xr}}p_{c_r}p_{c_c}p\mid_{C_0,C_1,C_2}\right]\mid_{C_0,C_1}\right]\right\}^2\right] \quad (3-19)$$

(4)已知信息分析(表3-6)

表3-6 已知影响概率分布

随机变量	输入量对应恒定影响量的估算范围	概率分布	期望	标准差
K_s	$[-\infty,\infty]$	正态	0.957	0.0055
δK_D	$[-0.003,0.001]$	矩形	-0.002	$\frac{0.002}{\sqrt{3}}$
p_{c_r}	$[-\infty,\infty]$	正态	1	0.0014
p_{c_c}	$[-\infty,\infty]$	正态	1	0.0014
M_{Sr}	$[1-0.0008,1+0.0008]$	U形	1	$\frac{0.0008}{\sqrt{2}}$
M_{Sc}	$[1-0.0014,1+0.0014]$	U形	1	$\frac{0.0014}{\sqrt{2}}$
M_{Xr}	$[1-0.0008,1+0.0008]$	U形	1	$\frac{0.0008}{\sqrt{2}}$
M_{Xc}	$[1-0.0168,1+0.0168]$	U形	1	$\frac{0.0168}{\sqrt{2}}$
p	$[-\infty,\infty]$	正态	0.3976	0.0083

(5)使用 Mathcad 计算测得值的平均值 $\overline{K}_x$ 的 B 类标准测量不确定度 u_B 的蒙特卡洛程序

$KS:=10^6 \quad KR:=10^3$

```
y:for i∈0..KS−1
   | Ks←rnorm(1,0.957,0.0055)
   | deltKd←runif(1,−0.003,0.001)
   | pcr←rnorm(1,1,0.0014)
   | pcc←rnorm(1,1,0.0014)
   | Msr←1−0.0008+[2·0.0008·(sin(π·rnd(1)/2))^2]
   | Msc←1−0.014+[2·0.014·(sin(π·rnd(1)/2))^2]
   | Mxr←1−0.0008+[2·0.0008·(sin(π·rnd(1)/2))^2]
   | Mxc←1−0.0168+[2·0.0168·(sin(π·rnd(1)/2))^2]
   | p←rnorm(KR,0.97960,0.0083)
   | Kx←(Ks_0+deltKd_0)·((Msr·Mxc)/(Msc·Mxr))·pcr_0·pcc_0·mean(p)
   | x_i←Kx
   | x
```

$\text{average}:\frac{\sum y}{KS}=9.331636E-011$

$y:=(y-\text{average})^2$

$\sqrt{\text{mean}(y)}=1.557471E-002$

$\frac{\text{stdev}(y)}{\sqrt{KS}}=2.89796E-007$

(6)合成标准测量不确定度

基于测量数据可知 $u_A^2(\overline{K}_x)=\frac{0.0083\times 0.956}{\sqrt{3}}=0.00459$,因此

$$u_c(\overline{K}_x)=\sqrt{u_A^2(\overline{K}_x)+u_B^2(\overline{K}_x)}=0.016236$$

显然,如果测量满足条件Ⅴ,依旧可采用条件Ⅰ的算法3.1进行蒙特卡洛方法评定;如果测量满足条件Ⅲ或条件Ⅶ,则不需要进行蒙特卡洛方法的评定。

3.4.2 条件Ⅰ下比对结果的测量不确定度蒙特卡洛方法

一般在条件Ⅰ下一组比对完成后,计量人员能够获得如下信息:

(1)每一个实验室的测量方程

$$Y_\ell=f_\ell(X_{\ell,1},X_{\ell,2},\cdots,X_{\ell,n})$$

(2)在测量条件 C_0,C_1,C_3 下,对于第Ⅱ类总体,还可知输入量 $X_{\ell,i}\mid_{C_0,C_1,C_2}$ 的方程

$$X_{\ell,i}\mid_{C_0,C_1,C_2}=x_{\ell,\mathrm{true}_i}+X_{S_{\ell,i}}\mid_{C_0,C_1}+X_{R_{\ell,i}}\mid_{C_0,C_1,C_2}\qquad(3-20)$$

(3)在测量条件 C_0,C_1,C_3 下获得输入量每一实验室的一组测得值

$$X_{\ell,1}:x_{\ell,11},x_{\ell,12},\cdots,x_{\ell,1k}$$

$$\vdots$$

$$X_{\ell,n}:x_{\ell,n1},x_{\ell,n2},\cdots,x_{\ell,nk}$$

(4)由上述测得值,每一实验室依据测量方程可导出被测量的一组测得值

$$Y_\ell:y_{\ell,1},y_{\ell,2},\cdots,y_{\ell,k}$$

(5)通过计算,由测得值获得的输入量和被测量的平均值和测得值的样本方差

$$\overline{y},\overline{y}_\ell,\overline{x}_{\ell,1},\overline{x}_{\ell,2},\cdots,\overline{x}_n$$

$$s^2(y),s^2(y_\ell),s^2(x_{\ell,1}),s^2(x_{\ell,2}),\cdots,s^2(x_{\ell,n})$$

(6)根据有效信息,可估计 $X_{S_{\ell,i}}\mid_{C_0,C_1}$ 的数字特征和概率密度函数 $f_{X_{S_{\ell,i}}}(x)$。

依据式(2-91),对于条件Ⅰ下任一实验室单次测得值的标准测量不确定度为

$$u_c^2(y) = \frac{1}{L}\sum_{\ell=1}^{L} u_A^2(y_\ell) + \frac{1}{L}\sum_{\ell=1}^{L} u_B^2(y_\ell) + \mathrm{Var}_{C_0}(E_{C_1}[[(X_S|_{C_0,C_1})|_{C_0,C_1}]|_{C_0}]) \tag{3-21}$$

在式(3 - 21) 中，$\frac{1}{L}\sum_{\ell=1}^{L} u_A^2(y_\ell)$ 一般可依据测得值数据统计获得；$\frac{1}{L}\sum_{\ell=1}^{L} u_B^2(y_\ell)$ 可通过使用蒙特卡洛算法 3.1 模拟每个 $u_B^2(y_\ell)$ 获得。因此 $\mathrm{Var}_{C_0}(E_{C_1}[[(X_S|_{C_0,C_1})|_{C_0,C_1}]|_{C_0}])$ 的模拟成为评估任一实验室单次测得值的标准测量不确定度的关键，显然依据式(2 - 90)对于方差有

$$\begin{aligned}\mathrm{Var}_{C_0}(E_{C_1}[[(X_S|_{C_0,C_1})|_{C_0,C_1}]|_{C_0}]) = \\ \mathrm{Var}_{C_0}(E_{C_1}[[(X_S|_{C_0,C_1})|_{C_0,C_1}]|_{C_0}] - \\ E_{C_0}[E_{C_1}[[(X_S|_{C_0,C_1})|_{C_0,C_1}]|_{C_0}]])\end{aligned} \tag{3-22}$$

将式(2 - 85)对应的随机变量公式代入式(3 - 22)右边有

$$\begin{aligned}\mathrm{Var}_{C_0}(E_{C_1}[[(X_S|_{C_0,C_1})|_{C_0,C_1}]|_{C_0}]) = \\ E_{C_0}[\{E_{C_1}[[E_{C_2}[Y|_{C_0,C_1,C_2}]|_{C_0,C_1}]|_{C_0}] - \\ E_{C_0}[E_{C_1}[[(E_{C_2}[Y|_{C_0,C_1,C_2}])|_{C_0,C_1}]|_{C_0}]]\}^2]\end{aligned} \tag{3-23}$$

【算法 3.2】

(1)选定第 ℓ 个实验室。

(2)依次对应第 i 个输入量 $X_{\ell,i}|_{C_0,C_1,C_2}$，依据估计的 $X_{S_{\ell,i}}|_{C_0,C_1}$，$i = 1,2,\cdots,n$ 的概率密度函数 $f_{X_{S_{\ell,i}}}(x)$，分别模拟期望为 $E[X_{S_{\ell,i}}]$，方差为 $\mathrm{Var}(X_{S_{\ell,i}})$ 的 1 个随机数 $(x_{S_{\ell,i}})_{k_S}$，将对应的 n 个随机数作为 $X_{S_{\ell,i}}|_{C_0,C_1}$，$i = 1,2,\cdots,n$ 的一个样本点 $((x_{S_{\ell,1}})_{k_S},(x_{S_{\ell,2}})_{k_S},\cdots,(x_{S_{\ell,n}})_{k_S})$。

(3)依次对应第 i 个输入量 $X_{\ell,i}|_{C_0,C_1,C_2}$，按正态分布，模拟期望为 0，方差为 $s^2(x_{\ell,i})$ 的 1 个随机数 $(x_{R_{\ell,i}})_{k_R}$，将对应的 n 个随机数作为 $X_{R_{\ell,i}}|_{C_0,C_1,C_2}$，$i = 1,2,\cdots,n$ 的一个样本点 $((x_{R_{\ell,1}})_{k_R},(x_{R_{\ell,2}})_{k_R},\cdots,(x_{R_{\ell,i}})_{k_R})$。

(4)计算输入量 $X_{\ell,i}|_{C_0=c_{0,\ell,k_R},C_1=c_{1,\ell,k_R},C_2=c_{1,\ell,k_R}} = \bar{x}_{\ell,i} + (x_{S_{\ell,i}})_{k_S} + (x_{R_{\ell,i}})_{k_R}$ 的 1 个样本点，从而形成输入量的一个样本点 $(x_{\ell,1},x_{\ell,2},\cdots,$

$x_{\ell,n}$)，将该样本点代入测量方程 $Y_\ell|_{C_0,C_1,C_2}=f_\ell(X_{\ell,1},X_{\ell,2},\cdots,X_{\ell,n})$，生成一个 $Y_\ell|_{C_0,C_1,C_2}$ 的样本点。

(5)重复(3)~(4)，直至生成 $Y_\ell|_{C_0,C_1,C_2}$ 的 K_R 个的样本点，把这 K_R 个样本点的均值作为 $E_{C_2}[(Y_\ell|_{C_0,C_1,C_2})|_{C_0,C_1}]$ 的一个样本点，并记录 $Y_\ell|_{C_0,C_1,C_2}$ 的 K_R 个值和。

(6)重复(2)~(5)共生成 $E_{C_2}[(Y_\ell|_{C_0,C_1,C_2})|_{C_0,C_1}]$ 的 K_S 个样本点，$Y_\ell|_{C_0,C_1,C_2}$ 的 $K_S\cdot K_R$ 个样本点的均值，并将该均值作为 $E_{C_1}[[E_{C_2}[Y_\ell|_{C_0,C_1,C_2}]|_{C_0,C_1}]|_{C_0}]$ 的一个样本点。

(7)重复(2)~(6)生成 $E_{C_1}[[E_{C_2}[Y_\ell|_{C_0,C_1,C_2}]|_{C_0,C_1}]|_{C_0}]$ 的 K 个样本点，并记录着 K 个样本点的均值。

(8)重复(1)~(7)生成 $E_{C_1}[[E_{C_2}[Y|_{C_0,C_1,C_2}]|_{C_0,C_1}]|_{C_0}]$ 的 $K\cdot L$ 个样本点，$Y|_{C_0,C_1,C_2}$ 的 $K\cdot L$ 个样本点的均值。

(9)依据公式

$$\{E_{C_1}[[E_{C_2}[Y|_{C_0,C_1,C_2}]|_{C_0,C_1}]|_{C_0}]-E_{C_0}[E_{C_1}[[(E_{C_2}[Y|_{C_0,C_1,C_2}])|_{C_0,C_1}]|_{C_0}]]\}^2$$

计算 $E_{C_1}[[E_{C_2}[Y|_{C_0,C_1,C_2}]|_{C_0,C_1}]|_{C_0}]$ 的 $K\cdot L$ 个样本点与 $Y|_{C_0,C_1,C_2}$ 的 $K\cdot L$ 个样本点均值的差的平方，$K\cdot L$ 个该差的平方的均值即为求出 $\mathrm{Var}_{C_0}(E_{C_1}[[(X_S|_{C_0,C_1})|_{C_0,C_1}]|_{C_0}])$ 的估计；依据定理3.1及推论，$K\cdot L$ 个该差的平方均值的样本方差即模拟的样本方差。

【例3.4】18GHz频率点功率传感器的校准的比对

尽管来自于10个不同的实验室，但10个实验室均给出了例3.3中相同的测量结果和不确定度评定过程，求任一实验室任一测得值的合成标准测量不确定度。

由于10个不同的实验室均给出了例3.3中相同的测量结果和不确定度评定过程，因此有

$$\frac{1}{L}\sum_{\ell=1}^{L}u_{\mathrm{A}}^2(y_\ell)=u_{\mathrm{A}}^2(y_\ell)$$

$$\frac{1}{L}\sum_{\ell=1}^{L}u_{\mathrm{B}}^2(y_\ell)=u_{\mathrm{B}}^2(y_\ell)$$

使用算法 3.2 评定 $\mathrm{Var}_{C_0}(E_{C_1}[[(X_S|_{C_0,C_1})|_{C_0,C_1}]|_{C_0}])$ 的 mathCAD 程序为

```
KS:=10^4    KR:=10^3        KSI:=10^1
实验室个数 L1:=10
y:for z∈0..L1-1
  | ey^<z> ←for i∈0..KS1-1
  |   | ex←for j∈0.KS-1
  |   |   | Ks←rnorm(1,0.957,0.0055)
  |   |   | deltKd←runif(1,-0.003,0.001)
  |   |   | pcr←rnorm(1,1,0.0014)
  |   |   | pcc←rnorm(1,1,0.0014)
  |   |   | Msr←1-0.0008+[2·0.0008·(sin(π·rnd(1)/2))^2]
  |   |   | Msc←1-0.014+[2·0.014·(sin(π·rnd(1)/2))^2]
  |   |   | Mxr←1-0.0008+[2·0.0008·(sin(π·rnd(1)/2))^2]
  |   |   | Mxc←1-0.0168+[2·0.0168·(sin(π·rnd(1)/2))^2]
  |   |   | p←rnorm(KR,0.9760,0.0083)
  |   |   | Kx←(Ks_0+deltKd_0)·((Msr·Mxc)/(Msc·Mxr))·pcr_0·pcc_0·mean(p)
  |   |   | x_j←Kx
  |   |   | x
  |   | ely_i←Σex/KS
  |   | ely
  | ey
```

$$\text{average} := \frac{\sum_{z=0}^{L1-1} \sum y^{\langle z \rangle}}{KS1 \cdot L1} = 890.603076E-006$$

```
y1 := for i ∈ 0..L1 − 1
      | y ← for i ∈ 0..KS1 − 1
      |     | y_{j,i} ← (y_{j,i} − average)^2
      |     | y
      | y
```

$$\sqrt{\text{mean}(y1)} = 151.642601E-006$$

$$\frac{\text{stdev}(y1)}{\sqrt{KS1 \cdot L1}} = 9.226944E-009$$

所以任一实验室任一测得值的合成标准测量不确定度为

$$u_c(y) = \sqrt{(0.0083 \times 0.956)^2 + 0.0155747^2 + 0.000151643^2} \approx 0.01748$$

显然,如果计算所有比对实验室测得值 y 的样本方差,则不需要进行如上的蒙特卡洛方法的评定。如果进行全部测得值均值 $\bar{y}$ 的标准测量不确定度的评定,则只需对每一实验按算法 3.1 进行,然后按式(2 - 99)计算即可。

对于条件 Ⅰ′下任一实验室单次测得值 $y_{\ell,i}$ 的标准测量不确定度。式(2 - 105) 中的第一项 $\frac{1}{L}\sum_{\ell=1}^{L} u_A^2(y_\ell)$ 一般可依据测得值数据统计获得;第二项 $\frac{1}{L}\sum_{\ell=1}^{L} u_B^2(y_\ell)$ 可通过使用蒙特卡洛算法 3.1 模拟每个 $u_B^2(y_\ell)$ 获得;第三项 $\text{Var}_{C_0}(E_{C_1}[[(X_S|_{C_0,C_1})|_{C_0,C_1}]|_{C_0}])$ 可通过算法 3.2 模拟获得;第四项 $\text{Var}_{C_0}([(X|_{C_0})|_{C_0,C_1}]|_{C_0})$ 一般通过比对样的已知信息获得。

对于条件Ⅰ′下全部实验室测得均值 $\bar{y}$ 的标准测量不确定度的评定,则只需对每一实验按算法 3.1 进行,然后按式(2 - 110)计算即可。

第4章 利用控制变量减小测量不确定度的模拟方差

依据式(3－9)可知,评定人员希望模拟计算

$$u_{\mathrm{B}}^{2}(y)=E_{C_0,C_1}\left[\left(E_{C_2}\left[\left(Y\mid_{C_0,C_1,C_2}\right)\mid_{C_0,C_1}\right]-E_{C_0,C_1,C_2}\left[\left(Y\mid_{C_0,C_1,C_2}\right)\mid_{C_0,C_1}\right]\right)^{2}\right]$$

的值,令

$$\widetilde{Y}=\left\{E_{C_2}\left[\left(Y\mid_{C_0,C_1,C_2}\right)\mid_{C_0,C_1}\right]-E_{C_0,C_1,C_2}\left[\left(Y\mid_{C_0,C_1,C_2}\right)\mid_{C_0,C_1}\right]\right\}^{2} \tag{4-1}$$

则对于任意常数 c,随机变量 $\widetilde{Y}+c(\sqrt{\widetilde{Y}}-E[\sqrt{\widetilde{Y}}])$ 的期望和方差分别为

$$E[\widetilde{Y}+c(\sqrt{\widetilde{Y}}-E[\sqrt{\widetilde{Y}}])]=u_{\mathrm{B}}^{2}(y) \tag{4-2}$$

$$\mathrm{Var}(\widetilde{Y}+c(\sqrt{\widetilde{Y}}-E[\sqrt{\widetilde{Y}}]))=\mathrm{Var}(\widetilde{Y})+c^{2}\mathrm{Var}(\sqrt{\widetilde{Y}})+2c\mathrm{Cov}(\widetilde{Y},\sqrt{\widetilde{Y}}) \tag{4-3}$$

简单计算可知,若要上式取最小值,应满足 $c=c^{*}$,即

$$c^{*}=-\frac{\mathrm{Cov}(\widetilde{Y},\sqrt{\widetilde{Y}})}{\mathrm{Var}(\sqrt{\widetilde{Y}})} \tag{4-4}$$

且 $\widetilde{Y}+c^{*}(\sqrt{\widetilde{Y}}-E[\sqrt{\widetilde{Y}}])$ 的方差为

$$\mathrm{Var}(\widetilde{Y}+c^{*}(\sqrt{\widetilde{Y}}-E[\sqrt{\widetilde{Y}}]))=\mathrm{Var}(\widetilde{Y})-\frac{[\mathrm{Cov}(\widetilde{Y},\sqrt{\widetilde{Y}})]^{2}}{\mathrm{Var}(\sqrt{\widetilde{Y}})} \tag{4-5}$$

其模拟次数为 K 时,均值的方差为

$$\mathrm{Var}\left(\overline{\tilde{Y}+c^{*}(\sqrt{\tilde{Y}}-E[\sqrt{\tilde{Y}}])}\right)=\frac{1}{K}\left\{\mathrm{Var}(\tilde{Y})-\frac{[\mathrm{Cov}(\tilde{Y},\sqrt{\tilde{Y}})]^{2}}{\mathrm{Var}(\sqrt{\tilde{Y}})}\right\} \tag{4-6}$$

基于以上分析,利用控制变量减小标准测量不确定度模拟方差的基本算法为

【算法4.1】

(1)依据算法3.1,模拟式(4-1)中 $\tilde{Y}$ 的 K 个样本点,依据式(4-4)求出 $c=-\dfrac{\mathrm{Cov}(\tilde{Y},\sqrt{\tilde{Y}})}{s^{2}(\sqrt{\tilde{Y}})}$,并求出样本均值 $v=\mathrm{mean}(\sqrt{\tilde{Y}})$。

(2)将 c、v 代入,求取 $\tilde{Y}+c(\sqrt{\tilde{Y}}-v)$ 的 K 个样本点 y_k。

(3)将 $\bar{y}=\sqrt{\dfrac{1}{K}\sum_{k=1}^{K}y_k}$ 作为 $u_{\mathrm{B}}(y)$ 的最佳估计。

(4)根据定理3.1及推论,v 的模拟标准差满足 $s(\bar{y})=\dfrac{s(y_k)}{\sqrt{K}}$。

【例4.1】利用控制变量减小模拟方差法求取例3.1中B类标准测量不确定度的MathCAD程序。

(1)依据算法3.1,模拟式(4-1)$\tilde{Y}$ 的 K 个样本点 y

```
K: =10^7
y:for i ∈ 0. . K - 1
    | ms←rnorm(1,0,22.5)
    | md←runif(1, -15,15)
    | mc←runif(1, -10,10)
    | detB←runif(1, -10,10)
    | mx←(ms_0 + md_0 + mc_0 + detB_0)
    | x_i←mx
    | x
```

average: $\dfrac{\sum y}{K}=0.018$

y: = (y − average)^2

依据式(4−4)求出 $c_1=-\dfrac{\text{Cov}(y,\sqrt{y})}{s^2(\sqrt{y})}$,并求出样本均值 $v=\text{mean}(\sqrt{y})$。

y1: $=\sqrt{y}$

c1: $=\dfrac{-1\cdot \text{cvar}(y,y1)}{\text{var}(y1)}=-55.733$

v: = mean(y1) = 20.335

(2)将 c、v,求取 $y+c(\sqrt{y}-v)$ 的 K 个样本点 y_k

$$y:=y+c1\cdot(y1-v)$$

(3)将 $\bar{y}=\sqrt{\dfrac{1}{K}\sum_{k=1}^{K}y_k}$ 作为 $u_B(y)$的最佳估计

$$\sqrt{\text{mean}(y)}=25.461$$

(4)根据定理 3.1 及推论,v 的模拟标准差满足 $s(\bar{y})=\dfrac{s(y_k)}{\sqrt{K}}$

$$\frac{\text{stdev}(y)}{\sqrt{K}}=0.101$$

模拟数据对比见表 4−1 ~ 表 4−6。

表 4−1　例 4.1 同一程序中算法 4.1 和算法 4.1 中
算法 3.1 的模拟数据的对比

程序算法	K	10	10^2	10^3	10^4	10^5	10^6	10^7
算法 4.1	$\sqrt{\text{mean}(y)}$	24.989	25.607	26.493	25.200	25.460	25.468	25.461
	$\dfrac{\text{stedv}(y)}{\sqrt{K}}$	71.072	41.271	10.847	3.025	1.016	0.320	0.101

续表

程序算法	K	10	10^2	10^3	10^4	10^5	10^6	10^7
算法4.1中算法3.1的数据特征	$\sqrt{\mathrm{mean}(y)}$	22.15	25.607	26.493	25.200	25.460	25.468	25.461
	$\frac{\mathrm{stedv}(y)}{\sqrt{K}}$	282.084	110.600	31.676	8.785	2.885	0.912	0.288

表4-2　例4.1算法4.1和例3.1算法3.1中模拟数据的对比

程序算法	K	10	10^2	10^3	10^4	10^5	10^6	10^7
算法4.1	$\sqrt{\mathrm{mean}(y)}$	24.989	25.607	26.493	25.200	25.460	25.468	25.461
	$\frac{\mathrm{stedv}(y)}{\sqrt{K}}$	71.072	41.271	10.847	3.025	1.016	0.320	0.101
算法3.1	$\sqrt{\mathrm{mean}(y)}$	20.328	23.384	25.904	25.495	25.487	25.417	25.441
	$\frac{\mathrm{stedv}(y)}{\sqrt{K}}$	152.408	72.393	29.997	9.262	2.885	0.910	0.288

从表4-1和表4-2中可以看出,算法4.1减小了模拟的方差,使得模拟更精准。

【例4.2】利用控制变量减小模拟方差法求取例3.2中B类标准测量不确定度的MathCAD程序。

```
K: =10^7
y:for i∈0..K-1
    | deltls←rnorm(1,0,17.4)
    | deltld←runif(1,-30,30)
    | deltlc←runif(1,-32,32)
    | deltlv←runif(1,-10,10)
    | as←runif(1,-10.5·10^-6,12.5·10^-6)
```

$$
\begin{aligned}
& ax \leftarrow runif(1, -10.5\cdot 10^{-6}, 12.5\cdot 10^{-6}) \\
& \theta s \leftarrow runif(1, -0.05, 0.05) \\
& \theta x \leftarrow runif(1, -0.05, 0.05) \\
& mx \leftarrow \frac{[(50000020 + deltls_0 + deltld_0)\cdot(1 + as_0\cdot\theta s_0) + deltlc_0 + deltlv_0]}{1 + ax_0\cdot\theta x_0} \\
& x_i \leftarrow mx \\
& x
\end{aligned}
$$

$$average := \frac{\sum y}{K} = 5\times 10^7$$

$$y := (y - average)^2$$

$$y1 := \sqrt{y}$$

$$c1 := \frac{-1\cdot cvar(y, y1)}{var(y1)} = -72.959$$

$$v := mean(y1) = 27.469$$

$$y := y + c1\cdot(y1 - v)$$

$$\sqrt{mena(y)} = 34.139$$

$$\frac{stdev(y)}{\sqrt{K}} = 0.169$$

表 4－3　例 4.2 同一程序中算法 4.1 和算法 4.1 中算法 3.1 的模拟数据的对比

程序算法	K	10	10^2	10^3	10^4	10^5	10^6	10^7
算法 4.1	$\sqrt{mean(y)}$	29.417	33.885	33.644	33.752	34.059	34.099	34.139
	$\frac{stedv(y)}{\sqrt{K}}$	65.042	44.162	15.557	5.348	1.676	0.532	0.169
算法 4.1 中算法 3.1 的数据特征	$\sqrt{mean(y)}$	29.417	33.885	33.644	33.752	34.059	34.099	34.139
	$\frac{stedv(y)}{\sqrt{K}}$	301.386	141.856	46.442	15.526	4.943	1.567	0.497

表4-4　例4.1算法4.1和例3.2算法3.1中模拟数据的对比

程序算法	K	10	10^2	10^3	10^4	10^5	10^6	10^7
算法4.1	$\sqrt{\mathrm{mean}(y)}$	29.417	33.885	33.644	33.752	34.059	34.099	34.139
	$\frac{\mathrm{stedv}(y)}{\sqrt{K}}$	65.042	44.162	15.557	5.348	1.676	0.532	0.169
算法3.1	$\sqrt{\mathrm{mean}(y)}$	30.876	36.772	34.903	34.686	34.127	34.155	34.141
	$\frac{\mathrm{stedv}(y)}{\sqrt{K}}$	255.683	159.978	50.125	16.032	4.971	1.573	0.497

【例4.3】利用控制变量减小模拟方差法求取例3.3中B类标准测量不确定度的MathCAD程序。

$K := 10^3$

$y := \text{for } i \in 0..K-1$

$$\begin{array}{|l} Ks \leftarrow \mathrm{rnorm}(1, 0.957, 0.0055) \\ deltKd \leftarrow \mathrm{runif}(1, -0.003, 0.001) \\ pcr \leftarrow \mathrm{rnorm}(1, 1, 0.0014) \\ pcc \leftarrow \mathrm{rnorm}(1, 1, 0.0014) \\ Msr \leftarrow 1 - 0.0008 + \left[2 \cdot 0.0008 \cdot \left(\sin\left(\frac{\pi \cdot \mathrm{rnd}(1)}{2}\right)\right)^2\right] \\ Msc \leftarrow 1 - 0.014 + \left[2 \cdot 0.014 \cdot \left(\sin\left(\frac{\pi \cdot \mathrm{rnd}(1)}{2}\right)\right)^2\right] \\ Mxr \leftarrow 1 - 0.0008 + \left[2 \cdot 0.0008 \cdot \left(\sin\left(\frac{\pi \cdot \mathrm{rnd}(1)}{2}\right)\right)^2\right] \\ Mxc \leftarrow 1 - 0.0168 + \left[2 \cdot 0.0168 \cdot \left(\sin\left(\frac{\pi \cdot \mathrm{rnd}(1)}{2}\right)\right)^2\right] \\ p \leftarrow \mathrm{rnorm}(KR, 0.9760, 0.0083) \\ Kx \leftarrow (Ks_0 + deltKd_0) \cdot \left(\frac{Msr \cdot Mxc}{Msc \cdot Mxr}\right) \cdot pcr_0 \cdot pcc_0 \cdot \mathrm{mean}(p) \\ x_i \leftarrow Kx \\ x \end{array}$$

$$\text{average}:=\frac{\sum y}{K}=9.331575E-001$$

$$y:=(y-\text{average})^2$$

$$y1:=\sqrt{y}$$

$$c1:=\frac{-1\cdot \text{cvar}(y,y1)}{\text{var}(y1)}=-3.075427E-002$$

$$v:=\text{mean}(y1)=1.271853E-002$$

$$y:=y+c1\cdot(y1-v)$$

$$\sqrt{\text{mena}(y)}=1.556539E-002$$

$$\frac{\text{stdev}(y)}{\sqrt{K}}=8.776477E-008$$

表4－5　例4.3同一程序中算法4.1和算法4.1中算法3.1的模拟数据的对比

程序算法	K	10	10^2	10^3	10^4	10^5	10^6
算法4.1	$\sqrt{\text{mean}(y)}$	0.01309	0.01387	0.01540	0.01565	0.01551	0.01557
	$\frac{\text{stedv}(y)}{\sqrt{K}}$	2.12×10^{-5}	6.45×10^{-6}	2.65×10^{-6}	8.82×10^{-7}	2.77×10^{-7}	8.78×10^{-8}
算法4.1中算法3.1的数据特征	$\sqrt{\text{mean}(y)}$	0.01309	0.01387	0.01540	0.01565	0.01551	0.01557
	$\frac{\text{stedv}(y)}{\sqrt{K}}$	8.74×10^{-5}	2.15×10^{-5}	8.79×10^{-6}	2.90×10^{-6}	9.14×10^{-7}	2.90×10^{-7}

表4－6　例4.3算法4.1和例3.1算法3.1中模拟数据的对比

程序算法	K	10	10^2	10^3	10^4	10^5	10^6
算法4.1	$\sqrt{\text{mean}(y)}$	0.01309	0.01387	0.01540	0.01565	0.01551	0.01557
	$\frac{\text{stedv}(y)}{\sqrt{K}}$	2.12×10^{-5}	6.45×10^{-6}	2.65×10^{-6}	8.82×10^{-7}	2.77×10^{-7}	8.78×10^{-8}
算法3.1	$\sqrt{\text{mean}(y)}$	0.01525	0.01541	0.01574	0.01566	0.01558	0.01557
	$\frac{\text{stedv}(y)}{\sqrt{K}}$	6.29×10^{-5}	2.84×10^{-5}	9.59×10^{-6}	2.94×10^{-6}	9.14×10^{-7}	2.90×10^{-7}

第 5 章　随机变量的模拟

尽管计算工具提供模拟服从各种分布的随机变量的函数，但是有时候有的概率分布并没有现成的模拟函数可用，这就需要计量人员自编算法进行完成。

本章主要介绍依据概率分布函数生成随机变量的几类重要方法。

5.1　离散型随机变量的模拟算法

设离散型随机变量 X 的概率质量函数为

$$P\{X = x_i\} = p_i, i = 0,1,\cdots \sum_i p_i = 1$$

若 U 为服从(0,1)均匀分布的一个随机数，则离散型随机变量 X 为

$$X = \begin{cases} x_0 & U < p_0 \\ x_1 & p_0 \leqslant U < p_0 + p_1 \\ \vdots & \\ x_i & \sum_{j=0}^{i-1} p_j \leqslant U < \sum_{j=0}^{i} p_j \\ \vdots & \end{cases}$$

对于服从(0,1)均匀分布随机变量而言，当 $0 < a < b < 1$ 时，有 $P\{a < U < b\} = b - a$，则

$$\begin{aligned} P\{X = x_i\} &= P\{\sum_{j=0}^{i-1} p_j \leqslant U < \sum_{j=0}^{i} p_j\} \\ &= \sum_{j=0}^{i} p_j - \sum_{j=0}^{i-1} p_j \\ &= p_i \end{aligned}$$

因此,模拟的数据服从给出的分布。

【例 5.1】给出满足 $P\{X=i\}=p_i$ 的离散型随机变量的模拟程序,其中

$$p_0=0.10, p_1=0.25, p_2=0.17, p_3=0.43, p_4=0.05$$

(1)设定模拟次数

$$\mathrm{KS}:=10^6$$

(2)设定概率质量函数

$$\mathrm{p}:\begin{pmatrix}0.10\\0.25\\0.17\\0.43\\0.05\end{pmatrix}$$

(3)初始化随机变量

$$\mathrm{x}:\begin{pmatrix}0\\0\\0\\0\\0\end{pmatrix}$$

(4)按算法生成随机变量

X: = for i ∈ 0. . KS − 1

$$\begin{aligned}
&\mathrm{U}\leftarrow \mathrm{rnd}(1)\\
&\mathrm{x}_0\leftarrow \mathrm{x}_0+1\ \text{ if }\ \mathrm{U}<\mathrm{p}_0\\
&\mathrm{x}_1\leftarrow \mathrm{x}_1+1\ \text{ if }\ \mathrm{p}_0\leqslant \mathrm{U}<\sum_{j=0}^{1}\mathrm{p}_j\\
&\mathrm{x}_2\leftarrow \mathrm{x}_2+1\ \text{ if }\ \sum_{j=0}^{1}\mathrm{p}_j\leqslant \mathrm{U}<\sum_{j=0}^{2}\mathrm{p}_j\\
&\mathrm{x}_3\leftarrow \mathrm{x}_3+1\ \text{ if }\ \sum_{j=0}^{2}\mathrm{p}_j\leqslant \mathrm{U}<\sum_{j=0}^{3}\mathrm{p}_j
\end{aligned}$$

$$\left| \begin{array}{l} x_4 \leftarrow x_4 + 1 \text{ if } \sum_{j=0}^{3} p_j \leqslant U < \sum_{j=0}^{4} p_j \\ x \end{array} \right.$$

(5)随机变量 X 取值 0,1,2,3,4 的个数

$$X = \begin{pmatrix} 1.002 \times 10^5 \\ 2.494 \times 10^5 \\ 1.703 \times 10^5 \\ 4.303 \times 10^5 \\ 4.987 \times 10^4 \end{pmatrix}$$

(6)随机变量取值 0,1,2,3,4 对应的模拟概率和原概率

$$\frac{X}{KS} = \begin{pmatrix} 0.1 \\ 0.249 \\ 0.17 \\ 0.43 \\ 0.05 \end{pmatrix} \qquad p = \begin{pmatrix} 0.1 \\ 0.25 \\ 0.17 \\ 0.43 \\ 0.05 \end{pmatrix}$$

【例 5.2】设离散随机变量服从如下几何分布,给出其数值模拟:

$$P\{X = i\} = \frac{2}{3}\left(\frac{1}{3}\right)^{i-1}, i = 1, 2, \cdots$$

由于

$$\begin{aligned} \sum_{i=1}^{n-1} P\{X = i\} &= 1 - \sum_{i=n}^{\infty} P\{X = i\} \\ &= 1 - \sum_{i=n}^{\infty} \frac{2}{3}\left(\frac{1}{3}\right)^{i-1} \\ &= 1 - \frac{2}{3} \times \frac{\left(\frac{1}{3}\right)^{n-1}}{1 - \frac{1}{3}} \\ &= 1 - \left(\frac{1}{3}\right)^{n-1} \end{aligned}$$

若 U 为服从(0,1)均匀分布的一个随机数,则当

$$1-\left(\frac{1}{3}\right)^{n-1}\leqslant U<1-\left(\frac{1}{3}\right)^{n}$$

时，取值为 n，其等价表达形式为

$$\left(\frac{1}{3}\right)^{n}<1-U\leqslant\left(\frac{1}{3}\right)^{n-1}$$

因此，可以定义 X 为

$$X=\min\left\{n:\left(\frac{1}{3}\right)^{n}<1-U\right\}$$

其等效形式为

$$\begin{aligned}X&=\min\left\{n:n\log\left(\frac{1}{3}\right)<\log(1-U)\right\}\\&=\min\left\{n:n>\frac{\log(1-U)}{\log\left(\frac{1}{3}\right)}\right\}\end{aligned}$$

若$\lfloor\ \rfloor$表示向下取整，则 X 又可表示为

$$X=\left\lfloor\frac{\log(1-U)}{\log\left(\frac{1}{3}\right)}\right\rfloor+1$$

由于 $1-U$ 也服从(0,1)均匀分布，则其等价表达式为

$$X=\left\lfloor\frac{\log(U)}{\log\left(\frac{1}{3}\right)}\right\rfloor+1$$

其 MathCAD 模拟程序为

$KS:=10^6$

$X:\text{for } i\in 0..KS-1$

$\quad U\leftarrow \text{rnd}(1)$

$\quad x_i\leftarrow \text{floor}\left(\frac{\log(U)}{\log\left(\frac{1}{3}\right)}\right)+1$

$\quad x$

H:histogram(KS,X)

模拟数据的概率质量函数图见图 5－1。

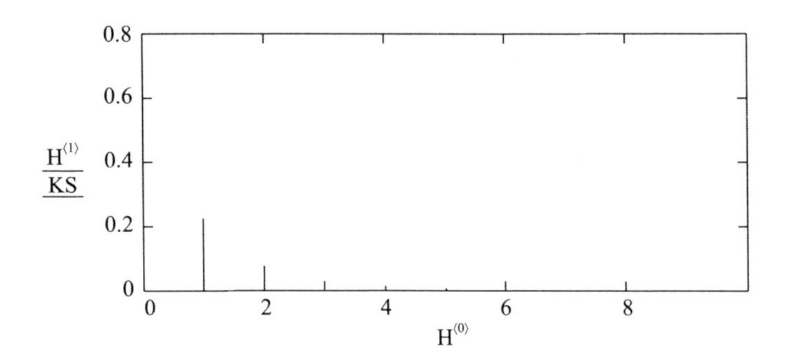

图 5－1　模拟数据的概率质量函数图

【例 5.3】设离散随机变量服从如下泊松分布，给出其数值模拟：

$$P\{X=i\}=e^{-5}\frac{5^i}{i!},i=0,1,\cdots$$

显然

$$P\{X=i+1\}=\frac{5}{i+1}P\{X=i\}$$

相应的模拟算法为：

(1) 生成一个服从(0,1)均匀分布的随机数 U；

(2) $j=0$；$p=e^{-\lambda}$，$F=p$；

(3) 当 $U\geqslant F$ 时，$p=\frac{\lambda}{j+1}p$，$F=F+p$，$j=j+1$，直到满足 $U<F$；

(4) 随机变量的取值为当前的 j；

(5) 重复(1)～(4)直到生成指定个数的随机变量。

其 MathCAD 模拟程序为

```
KS: = 10^6
X: for i ∈ 0..KS − 1
     | U ← rnd(1)
     | j ← 0
     | p ← e^−5
```

```
  F←p
  while u≥F
      p←(5·p)/(j+1)
      F←F+p
      j←j+1
      j
  x_i←j
  x
```

H:histogram(KS,X)

模拟数据的概率质量函数图见图 5－2。

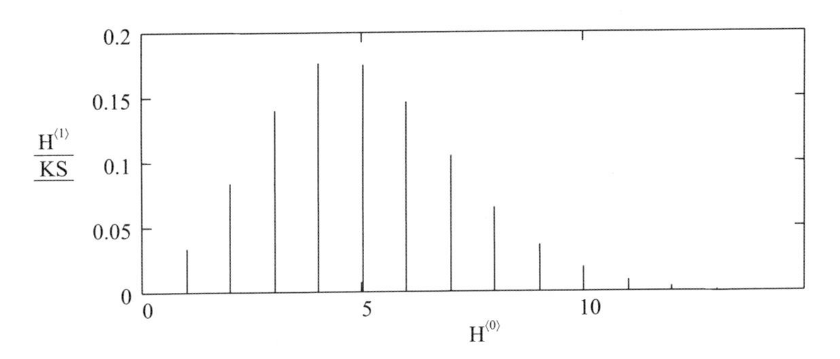

图 5－2　模拟数据的概率质量函数图

【例 5.4】设离散随机变量服从如下伯努利分布，给出其数值模拟：

$$P\{X=i\}=\frac{10!}{i!\ (10-i)!}\left(\frac{2}{3}\right)^{i}\left(1-\frac{2}{3}\right)^{10-i},i=0,1,\cdots,10$$

显然

$$P\{X=i+1\}=\frac{10-i}{i+1}\ \frac{\frac{2}{3}}{1-\frac{2}{3}}P\{X=i\}$$

相应的模拟算法为：

(1)生成一个服从(0,1)均匀分布的随机数 U；

(2)$c_1=\dfrac{\frac{2}{3}}{1-\frac{2}{3}}, j=0, p=\left(1-\dfrac{2}{3}\right)^{10}, F=p$；

(3)当 $U\geqslant F$ 时，$p=\dfrac{c_1(10-j)}{j+1}p, F=F+p, j=j+1$，直到满足 $U<F$；

(4)随机变量的取值为当前的 j；

(5)重复(1)～(4)直到生成指定个数的随机变量。

其 MathCAD 模拟程序为

```
KS: = 10^6
X: for i ∈ 0..KS - 1
      | U ← rnd(1)
      | c1 ← (2/3)/(1 - 2/3)
      | j ← 0
      | p ← (1 - 2/3)^10
      | F ← p
      | while U ≥ F
      |     | p ← [c1·(10 - j)/(j + 1)]p
      |     | F ← F + p
      |     | j ← j + 1
      |     | j
      | x_i ← j
      |
      | x
```

H:histogram(KS,X)

模拟数据的概率质量函数图见图 5－3。

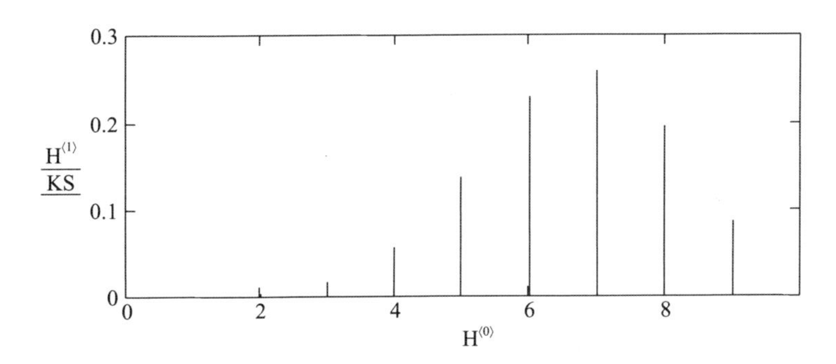

图 5－3　模拟数据的概率质量函数图

5.2　连续型随机变量的模拟算法

设 U 是服从(0,1)均匀分布的随机变量，对于任意给定的连续概率分布函数 F，则它的连续随机变量：

$$X = F^{-1}(U)$$

的分布函数为 F。

这是因为，若 G 为 $X = F^{-1}(U)$ 的分布函数，则

$$\begin{aligned} G(x) &= P\{X \leqslant x\} \\ &= P\{F^{-1}(U) \leqslant x\} \\ &= P\{F(F^{-1}(U)) \leqslant F(x)\} \\ &= P\{U \leqslant F(x)\} \\ &= F(x) \end{aligned}$$

【例 5.5】设随机变量服从三角分布，给出其数值模拟。

三角分布的分布函数为

$$F(x)=\begin{cases}0 & x\leqslant a\\ \dfrac{(x-a)^2}{(b-a)(c-a)} & a\leqslant x\leqslant c\\ 1-\dfrac{(b-x)^2}{(b-a)(b-c)} & c<x<b\\ 1 & b\leqslant x\end{cases}$$

则其反函数为

$$X=\begin{cases}a+\sqrt{U(b-a)(c-a)} & 0<U<F(c)\\ b-\sqrt{(1-U)(b-a)(b-c)} & F(c)\leqslant U<1\end{cases}$$

其 MathCAD 模拟程序为

```
KS: = 10^7    a: = 1    b: = 5    c1: = 3

c2: = (c1 - a)^2 / ((b - a)·(c1 - a)) = 0.5

X: for i ∈ 0..KS - 1
   | U ← rnd(1)
   | x_i ← a + √(U·[(b - a)·(c1 - a)]) if U < c2
   | x_i ← b - √((1 - U)·[(b - a)·(b - c1)]) if U ≥ c2
   | x

H = histogram(100, X)
```

模拟数据的概率密度函数图见图 5－4。

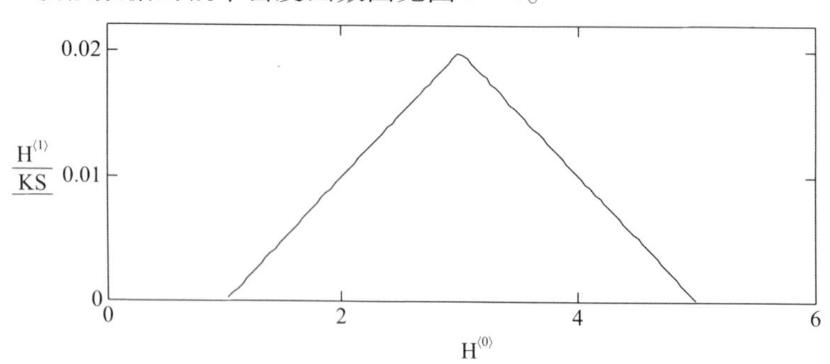

图 5－4　模拟数据的概率密度函数图

【例 5.6】设随机变量服从 U 型分布，给出其数值模拟。

U 型分布的分布函数为

$$F(x)=\frac{1}{\pi}\arcsin\left(\sqrt{\frac{x-a}{b-a}}\right)$$

则其反函数为

$$X=a+(b-a)\sin^2(\pi U)$$

其 MathCAD 模拟程序为

```
KS: = 10^6    a: = 1 - 0.008    b: = 1 + 0.008
X: for i ∈ 0.. KS - 1
     | U ← rnd(1)
     | x_i ← a + (b - a) · (sin(π · U))^2
     | x
H: = histogram(100, X)
```

模拟数据的概率密度函数图见图 5-5。

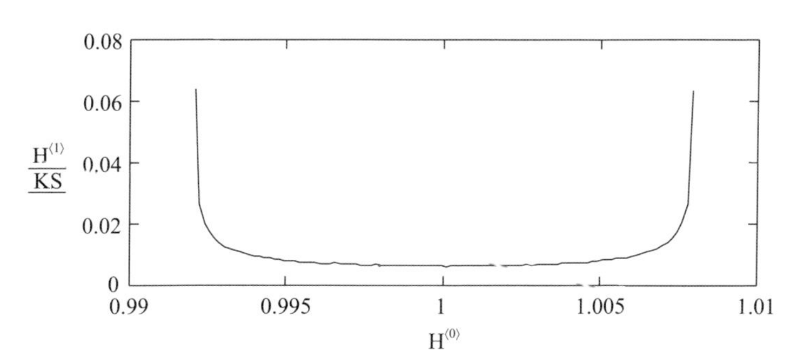

图 5-5　模拟数据的概率密度函数图

【例 5.7】设随机变量服从梯形分布，给出其数值模拟。

已知梯形分布的概率密度函数为

$$f(x)=\frac{1}{a(1+\beta)}\begin{cases}1 & |x-\mu|<\beta\cdot a\\ \dfrac{1}{1-\beta}\left(1-\dfrac{|x-\mu|}{a}\right) & \beta\cdot a\leqslant|x-\mu|\leqslant a\\ 0 & |x-\mu|>a\end{cases}$$

其中,$0 \leqslant \beta \leqslant 1$。

其对应的概率分布函数为

$$F(x)=\begin{cases}0 & x<\mu-a \\ \dfrac{(x+a-\mu)^2}{2a^2(1-\beta^2)} & \mu-a\leqslant x\leqslant \mu-a\beta \\ \dfrac{x-\mu+a\beta}{a(1+\beta)} & \mu-a\beta<x<\mu+a\beta \\ \dfrac{(x-\mu-a\beta)(\mu+2a-a\beta-x)}{2a^2(1-\beta^2)} & \mu+a\beta\leqslant x\leqslant \mu+a \\ 0 & x>\mu+a\end{cases}$$

其反函数为

$$X=\begin{cases}\mu-a+a\sqrt{2U(1-\beta^2)} & 0<U\leqslant \dfrac{1-\beta}{2(1+\beta)} \\ \mu-a\beta+a(1+\beta)\left(U-\dfrac{1-\beta}{2(1+\beta)}\right) & \dfrac{1-\beta}{2(1+\beta)}<U<\dfrac{1+3\beta}{2(1+\beta)} \\ \mu+a+a(\beta-1)\sqrt{1+2\left(\dfrac{\beta+1}{\beta-1}\right)\left(U-\dfrac{1+3\beta}{2(1+\beta)}\right)} & \dfrac{1+3\beta}{2(1+\beta)}\leqslant U<1\end{cases}$$

其 MathCAD 模拟程序为

$KS:=10^6 \quad a:=5 \quad \beta:=0.5 \quad \mu:=10$

$X:$ for $i\in 0..KS-1$

$U \leftarrow \text{rnd}(1)$

$x_i \leftarrow \mu-a+a\sqrt{2U\cdot(1-\beta^2)}$ if $0<U\leqslant \dfrac{1-\beta}{2\cdot(1+\beta)}$

$x_i \leftarrow \mu-a\cdot\beta+a\cdot(1+\beta)\left[U-\dfrac{1-\beta}{2\cdot(1+\beta)}\right]$ if $\dfrac{1-\beta}{2\cdot(1+\beta)}<U\leqslant \dfrac{1+3\beta}{2\cdot(1+\beta)}$

$x_i \leftarrow \mu+a+a\cdot(\beta-1)\sqrt{1+2\left(\dfrac{\beta+1}{\beta-1}\right)\cdot\left[U-\dfrac{1+3\beta}{2\cdot(1+\beta)}\right]}$ if $\dfrac{1+3\beta}{2\cdot(1+\beta)}<U<1$

x

$H=\text{histogram}(100,X)$

模拟数据的概率密度函数图见图 5－6。

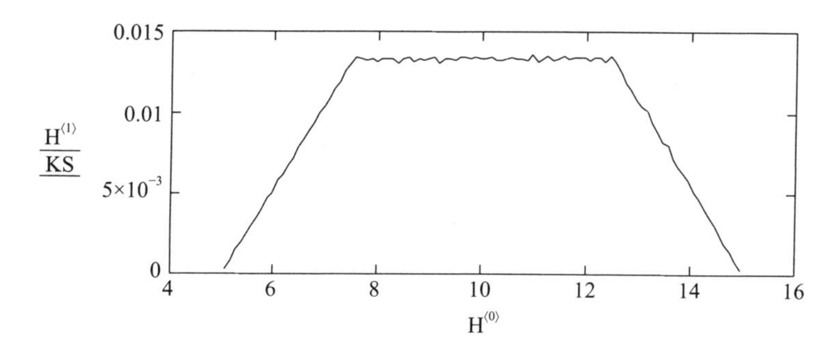

图 5－6　模拟数据的概率密度函数图

第6章 蒙特卡洛方法评定标准测量不确定度的计量学含义

算法3.1是利用蒙特卡洛方法评定标准测量不确定度的基本算法,从中我们可以看出蒙特卡洛方法的计量学含义。

(1)选定一组给定影响为$((x_{S_1})_{k_S},(x_{S_2})_{k_S},\cdots,(x_{S_n})_{k_S})$的测量系统

依次对应第i个输入量$X_i|_{C_0,C_1,C_2}$,依据估计的$X_{S_i}|_{C_0,C_1}$,$i=1,2,\cdots,n$的概率密度函数$f_{X_{S_i}}(x)$,分别模拟期望为$E[X_{S_i}]$,方差为$\mathrm{Var}(X_{S_i})$的1个随机数$(x_{S_i})_{k_S}$,将对应的n个随机数作为$X_{S_i}|_{C_0,C_1}$,$i=1,2,\cdots,n$的一个样本点$((x_{S_1})_{k_S},(x_{S_2})_{k_S},\cdots,(x_{S_n})_{k_S})$。

(2)根据测得值的特征模拟未知因素对测得值的影响$((x_{R_1})_{k_R},(x_{R_2})_{k_R},\cdots,(x_{R_n})_{k_R})$

依次对应第i个输入量$X_i|_{C_0,C_1,C_2}$,按正态分布,模拟期望为0,方差为$s^2(x_i)$的1个随机数$(x_{R_i})_{k_R}$,将对应的n个随机数作为$X_{R_i}|_{C_0,C_1,C_2}$,$i=1,2,\cdots,n$的一个样本点$((x_{R_1})_{k_R},(x_{R_2})_{k_R},\cdots,(x_{R_n})_{k_R})$。

(3)进行一次模拟测量,获得一个测得值

依据公式(3.9),计算对应的输入量$X_i|_{C_0=c_{0,i,k_R},C_1=c_{1,i,k_R},C_2=c_{1,i,k_R}}=x_i+(x_{S_i})_{k_S}+(x_{R_i})_{k_R}$的1个样本点,从而形成输入量的一个样本点组$(x_1,x_2,\cdots,x_n)$,将该样本点代入测量方程$Y|_{C_0,C_1,C_2}=f(X_1,X_2,\cdots,X_n)$,生成一个$Y|_{C_0,C_1,C_2}$的样本点。

(4)保持测量系统给定影响不变,共模拟K_R次测量

重复过程(2)、(3),直至生成$Y|_{C_0,C_1,C_2}$的K_R个的样本点,把这

K_R 个样本点的均值作为 $E_{C_2}[(Y|_{C_0,C_1,C_2})|_{C_0,C_1}]$ 的一个样本点,并记录 $Y|_{C_0,C_1,C_2}$ 的 K_R 个值和。

在此之前,如果 $((x_{S_1})_{k_S},(x_{S_2})_{k_S},\cdots,(x_{S_n})_{k_S})$ 是计量人员实际测量中测量系统影响的量值,则过程(1)~(4)可看作计量人员的实际测量。但由于一般无法知道实际测量中测量系统影响的量值,所以选定下一组给定影响为测量系统,进行过程(2)、(3)、(4),直至 K_S 种可能影响被遍历。

重复过程(1)~(4),共生成 $E_{C_2}[(Y|_{C_0,C_1,C_2})|_{C_0,C_1}]$ 的 K_S 个样本点,$Y|_{C_0,C_1,C_2}$ 的 $K_S\cdot K_R$ 个样本点的均值。

(5)定量估算全部可能的测量过程中测量系统对最终测量结果的可能影响及模拟质量

依据公式

$$\{E_{C_2}[(Y|_{C_0,C_1,C_2})|_{C_0,C_1}]-E_{C_0,C_1,C_2}[(Y|_{C_0,C_1,C_2})|_{C_0,C_1}]\}^2$$

计算 $E_{C_2}[(Y|_{C_0,C_1,C_2})|_{C_0,C_1}]$ 的 K_S 个样本点与 $Y|_{C_0,C_1,C_2}$ 的 $K_S\cdot K_R$ 个样本点均值的差的平方,K_S 个该差的平方的均值即为求出

$$E_{C_0,C_1}[\{E_{C_2}[(Y|_{C_0,C_1,C_2})|_{C_0,C_1}]-E_{C_0,C_1,C_2}[(Y|_{C_0,C_1,C_2})|_{C_0,C_1}]\}^2]$$

的估计。

依据定理 3.1 及推论,K_S 个该差的平方均值的样本方差即模拟的样本方差。